Mit EM durchs Gartenjahr

Neue Impulse und viele Tipps
aus Susannes Erfahrungsschatz

Anwendungen mit Effektiven Mikroorganismen

MADE SWISS

FSC
www.fsc.org
MIX
Papier aus verantwortungsvollen Quellen
FSC® C023093

Für Quereinsteiger und Schnell-Leser:
Im ersten Teil des Buches wird Grundlagenwissen zum Biologischen Anbau mit Effektiven Mikroorganismen (EM) vermittelt.

Der Jahreskreis mit den Kalendermonaten beginnt auf Seite 47.

ANNE LORCH

MIT EM DURCHS GARTENJAHR

Neue Impulse und viele Tipps aus Susannes Erfahrungsschatz

Anwendungen mit Effektiven Mikroorganismen

Bibliographische Information der Deutschen Bibliothek: Die Deutsche Bibliothek verzeichnet diese Publikation in der Deutschen Nationalbibliographie; detaillierte bibliographische Daten sind im Internet über **http://dnb.ddb.de** abrufbar.

Lektorat	Erich Obrist
Layout	Ursula Binggeli
Umschlaggestaltung	Ursula Binggeli
Cartoons	Pfuschi-Cartoon, Heinz Pfister
Druck	Rub Media AG, CH-3001 Bern
Einband	Schlatter AG, CH-3097 Bern
	Printed in Switzerland

Vertrieb **Buchhandel und**

Deutschland

Christoph Fischer GmbH
Hochgernstrasse 4, D-83139 Söchtenau / Haid
Telefon +49 (0)8055 91 28, Fax +49 8055 9127
E-Mail: bestellungen@em-chiemgau.de
www.em-chiemgau.de

MikroVeda Handelsgesellschaft mbH
Gut Neuenhof, Im Kuckucksfeld 1,
D-47624 Kevelaer-Twisteden,
Telefon +49 (0)2832 972 78 10, Fax+49 (0) 2832 972 78 69,
E-Mail: info@mikroveda.de – www.mikroveda.eu

Österreich

Multikraft Produktions- und HandelsgmbH
Sulzbach 17, A-4632 Pichl bei Wels
Telefon 043 (0)7247 502 50 100, Fax +43 (0) 7247 50 250 900
E-Mail: office@multikraft.at – www.multikraft.com

Schweiz

Anne Lorch
Untere Haltenstrasse 39, CH 3625 Heiligenschwendi
Telefon +41 (0)33 243 02 50, Fax +41 (0)33 243 02 53
E-Mail: a-s-lorch@solnet.ch – www.em-buch-lorch.com

EM Schweiz AG, Titlisstrasse 11
CH 6020 Emmenbrücke
Telefon +41 (0)41 2607 44 74, Fax +41 (0)41 260 44 92
E-Mail: info@em-schweiz.ch – www.em-schweiz.ch

Niederhäuser AG, Station West 3, CH-6023 Rothenburg,
Telefon +41 289 30 28, Fax +41 289 30 21,
E-Mail:info@em-produkte.ch – www.em-produkte.ch

ISBN 978-3-033-4099-1

Inhaltsübersicht

Umschlagsklappe hinten, aussen und innen: Index für Abkürzungen

Erleben Sie, wie sie plötzlich Mitarbeiter und Nutzniesser eines gigantischen mikrobiologischen Ordnungs- und Funktions-Systems werden, das in der Lage ist, weltweites Chaos wieder in Schöpfungsordnung zurückzuführen.

Aus dem Vorwort des EM-Buches «Eine Chance für unsere Erde» von Prof. Dr. Manfred Hoffmann.

Vorworte

Das erste Buch «EM Eine Chance für unsere Erde» ist für mich ein Basiswerk für die EM-Technologie im europäischen Raum. Das neue Buch «Mit EM durchs Gartenjahr» wird sicherlich wieder so ein Klassiker, denn Gärtnern ist längst wieder in Mode gekommen. Nutzen, Pflegen, Gestalten und Erholen sind angesagt.

Die Arbeit im Garten lässt uns auch Grundlegendes über uns selbst erfahren. Beim intensiven Umgang mit Pflanzen und Boden erkennen wir, dass wir in sämtliche Stoff- und Nahrungskreisläufe involviert sind und nur verantwortungsbewusstes, umsichtiges und rücksichtsvolles Handeln der Natur gegenüber uns letztlich aus dem ökologischen Dilemma führen kann.

Und genau dazu will uns dieses wunderschön bebilderte Gartenbuch inspirieren und motivieren. Es begleitet uns mit vielen neuen Anregungen – auch bezüglich des Einsatzes von EM – durch die Jahreszeiten, führt uns die Fülle und Üppigkeit der Natur vor Augen und lässt uns nicht vergessen, ihr mit Achtsamkeit, Liebe und Respekt zu begegnen.

Das hat nicht nur eine reiche Ernte bzw. ein Aufblühen in der Natur zur Folge, sondern auch ein «Aufblühen unserer Herzen» – eine Heilung auf tieferer Ebene. Gäbe es Wünschenswerteres?

Bad Wimsbach (A), August 2013

Dr. Erika Rokita
Biologin, Kräuterpädagogin

Gemessen am Durchmesser unseres Planeten von 12 000 Kilometern ist die Humusschicht der Erde geradezu mikroskopisch dünn. Sie beträgt nur 5 bis 50 Zentimeter, ist also gerade mal ein Fünfmillionstel so dick wie die Erde selbst. Und doch macht diese hauchzarte Schicht alles irdische Leben möglich. Pflanzen wachsen auf ihr, ernähren Tiere und Menschen und versorgen sie mit Sauerstoff und Liebreiz.

Ohne Humus gäbe es keine Humanitas, keine Menschheit – die Ähnlichkeit des Wortstammes ist nicht zufällig. Der humusreiche Boden wird auch «Muttererde» genannt, birgt er doch in jedem Krümelchen eine unendliche Vielfalt an Leben. Die Zahl der Mikroorganismen in einer Handvoll fruchtbaren Bodens übertrifft um ein Vielfaches die Anzahl der Menschen auf der Welt. Leider ist uns Menschen die Hochachtung vor dem Boden im Verlauf der Industriellen Revolution verloren gegangen. Wir treten ihn mit Füßen und behandeln ihn wie Dreck.

Dabei können wir unsere kleinen Paradiese selbst schaffen - in Gärten und auf Balkonen, mithilfe der Natur und der eigenen Kreativität. Mag dieses Buch dazu beitragen, dass sich die menschliche Haltung gegenüber Mikroorganismen und der Natur zum Positiven ändert.

Berlin (D), August 2013

Dr. Haiko Pieplow und Dr. Ute Scheub
Autoren von «Terra Preta – Die schwarze Revolution aus dem Regenwald»

Lange Zeit war die Anwendung von EM im Garten nur einer Handvoll Pionieren bekannt. Auch dank den Multiplikatoren wie Susanne Schütz und Anne Lorch verbreitet sich dieses Wissen über eine nachhaltige Gartenbewirtschaftung mehr und mehr. Es wird immer sichtbarer, dass es sich bei der EM-Technologie nicht nur um die Anwendung von Produkten handelt.

Die Arbeit mit den Mikroorganismen führt zu einem tiefen Verständnis über die Zusammenhänge in der Natur. Dieses gewachsene Bewusstsein und Verstehen bringt uns an ganzheitliche Ansätze heran, die in vielen Bereichen des Lebens übersetzt werden können.

«Sind Läuse an den Rosen eine Katastrophe oder sind sie nur ein Anzeiger für widrige Umweltbedingungen? Was kann ich ändern, um die Rose zu kräftigen, damit es den Läusen dort nicht mehr gefällt?» so oder ähnlich verlaufen die Gedankengänge von EM-Gärtnern. Je mehr Verständnis herrscht, desto schneller können Ursache und Wirkung erkannt werden.

Ich kann Sie nur ermutigen, sich zu trauen, und ein wenig mehr Gelassenheit walten zu lassen.

Dieses Buch kann Visionen beflügeln und ganz sicher den Praktikern handfeste Unterstützung im Garten bieten.

Söchtenau (D), August 2013

Christoph Fischer
EM-Chiemgau

Einstimmung

Der Biohof Birnbaum liegt im Emmental auf 850 m Höhe. Im Winter fegt der Wind den Schnee über die Kuppe und ist das Klima eher rau. Trotzdem gedeihen hier im Sommer Tomaten und reifen Trauben am Haus. Seit EM-Anwendungen bleibt im Winter das meiste Gemüse auf dem Beet und wartet auf die Ernte nach Bedarf, denn durch die Aktivität der Effektiven Mikroorganismen dringt der Frost nicht mehr so tief in den Boden ein. Häufiges Gefrieren und Auftauen werden von den Pflanzen ohne Fäulnis verkraftet und Frischkost geerntet: ohne jegliche Lagerverluste, mitten in der kalten Jahreszeit – aus dem Beet – in den Topf – auf den Tisch.

Die Natur ist das einzige Buch, das auf allen Blättern grossen Gehalt bietet. J. W. von Goethe

Seit mehr als 40 Jahren bestellt Susanne mit ihrem Mann Martin den umfangreichen Gemüsegarten biologisch und gibt seit gut 30 Jahren ihr Wissen, die Weiterentwicklungen und neuen Entdeckungen im Bioanbau in Vorträgen und Seminaren weiter. Als langjährige Beraterin für Leserfragen im Magazin «Schweizer Garten» kann sie stets zu allen Gartenthemen auf einen reichen Erfahrungsschatz zurückgreifen. Seit EM eingesetzt wird, ist die biologische Anbauweise einfacher, ertragreicher und sicherer geworden.

Je konsequenter die Effektiven Mikroorganismen eingesetzt werden, um so schneller ist der Boden so gesund, dass er keine Signale des Abbaus aussendet und Schaderreger nicht auftauchen.

Wie kam «EM» auf den Biohof?

Im Hochsommer gehörten durch Kuhstall und Misthaufen lästige Fliegen zum Alltag. Als Susanne 1998 las, dass mit EM diese Plage aufhört, weckte das ihr Interesse. Ihr gefiel, dass hier nicht das Symptom Fliege bekämpft wird, sondern die Ursache – das stinkende Milieu – geändert werden kann, denn Fliegen finden keine Fäulnis mehr vor und bleiben einfach weg. Sie konnte zu diesem Zeitpunkt nicht ahnen, dass sich auch die Gartenarbeit durch EM völlig neu gestalten, ja richtig «umkrempeln» würde. EM hat vieles auf dem Biohof verbessert. Die Begeisterung der Kursteilnehmer ist gross und motiviert, «dranzubleiben».

Das Magazin «Schweizer Garten» hat es gewagt, als erste Zeitschrift übers ganze Jahr Monat für Monat

Der Bauerngarten auf dem Biohof Birnbaum im Emmental (CH).

Susanne braucht zur Abwehr von Schadinsekten oder Krankeitserregern keine mechanischen Hilfsmittel mehr. Sie werden dennoch im Buch aufgeführt, weil sie helfen, die Zeit der Übergangsphase von bisherigen Anbauweisen zum gesunden Boden zu überbrücken.

auf mehreren Seiten das noch nicht so bekannte Thema EM zu behandeln. Die Serie brachte viele positive Rückmeldungen und für das Ehepaar Schütz noch viel mehr Besucher als bisher. Der Gedanke, ein Anwenderbuch für den Jahreskreis im Garten mit EM zu erarbeiten, lag nahe, weil der verfügbare Platz in der Zeitschrift nie ausreichte, um alle Möglichkeiten und Ergebnisse mit den Effektiven Mikroorganismen unterzubringen. Ausserdem war es Zeit, die schier unerschöpflichen Tipps und Tricks aus Susannes Erfahrungsschatz einfach mal festzuhalten.

Das EM-Gartenbuch

Wenn Susanne sagt: «Da müssen wir noch unbedingt ein Anwenderbuch für den Garten machen", dann weiss ich, wer gemeint ist. Schliesslich hat sie ja das Buch „EM Eine Chance für unseren Garten" auch schon so in die Welt gesetzt. Die Monatsserie haben wir zusammen ein Jahr lang gut vorbereitet. Susanne ist die allwissende Gemüsefrau. Ich konnte zum Thema Blumengarten etwas einbringen und nun ist es auf dem Papier gelandet.

- Das Werk ist wie das umfassende EM-Buch strukturiert.
- Auf den ersten Seiten wird Grundlagenwissen zu EM vermittelt.
- Der monatliche Jahreskalender teilt sich jeweils in verschiedene Gartenbereiche auf.
- Jeder Monat schliesst mit 2 Seiten Rezepte von kreativen EM-Anwenderinnen, denn EM-Gemüseernte hat die Wertschätzung für feine Gerichte verdient. So sind ausser Susanne auch noch andere aktive «EMler» mit im Spiel. Das hat wieder viel Spass gemacht.
- Nach den Rezepten bleiben eine bis zwei Seiten Platz für Notizen aus dem eigenen Garten der Lesenden. So wird aus dem allgemeinen EM-Gartenbüchlein vielleicht ein ganz individueller Begleiter durchs Gartenjahr.
- Im Index sind alle Abkürzungen in den EM-Rezepturen erklärt.
- Alle mit einem *Sternchen bezeichneten Ausdrücke werden im Glossar erklärt.
- Ein ausführliches Inhaltsverzeichnis und das Stichwortregister führen schnell zum gewünschten Buchabschnitt.

Wenn wirklich Neuland betreten wird, kann es vorkommen, dass nicht nur Inhalte aufzustellen sind, sondern dass auch die Struktur des Denkens sich ändern muss, wenn man das Neue verstehen will.
Prof. Dr. Heisenberg

Susanne und ich wünschen vergnügliche Lesestunden und viele wunderbare AHA-Erlebnisse mit EM!

August 2013 Anne Lorch

Das Angebot des Selbstversorgergartens ist vielfältig.

Wir dürfen nie vergessen, dass die Zukunft zwar gewiss nicht in unsere Hand gegeben ist, dass sie aber ebenso gewiss doch auch nicht ganz außerhalb unserer Macht steht. Epikur, Philosophie der Freude

Der (bio)logische Anbau mit neuen Impulsen

Natur ist gelebte Koprosperität und Koexistenz = aufbauendes Miteinander und wohlwollendes Nebeneinander.

Natur ist authentisch, sie kann nicht anders. Nach ihren Gesetzen zu leben heisst, naturnah zu agieren und sich natürlich zu ernähren - in unserer technisch ausgerichteten Epoche kein einfaches Unterfangen – oder doch? Dem biologischen Anbau treu bleiben und trotzdem für neue Errungenschaften offen sein, wenn diese den biologischen Anbau fördern: Das ist durchaus machbar. Dabei helfen ein waches Gemüt und eigene Erfahrungen, «die Spreu» zu erkennen und vom Weizen zu trennen.

Das Know-How ist da, was, fehlt ist der Wille zur Umsetzung. [1]

Wer seit Jahrzehnten biologisch gärtnert und das Wissen an interessierte Menschen weitergibt wie zum Beispiel Susanne, der kann sich kaum vorstellen, dass man noch etwas besser machen könnte. Der Einsatz mit Effektiven Mikroorganismen ist so eine neue Erfahrung. Diese winzigen Helfer haben inzwischen viele Anwender so überzeugt, dass sie sich einen Garten ohne diese Mikrobenmixtur gar nicht mehr vorstellen können, denn der Unterschied vom biologischen Anbau zum zusätzlichen Einsatz mit EM ist frappant. Eine weitere neue Zauberformel ist Terra Preta zusammen mit EM, die den bisher guten Resultaten eine weitere Dimension draufsetzt.

[1] Scheub, Pieplow, Schmidt, 2013 S. 77

Werdegang von Lebensmittel erfahren: Von der Aussaat …

… zum Jungpflänzchen

… bis zur ersten Ernte

Es vergeht kaum eine Woche ohne irgendeinen Nährmittelskandal. Es ist eine Folge der Gewinnmaximierung und Billigpreispolitik. Wenn wir eine ehrliche Bioproduktion einkaufen, hat das seinen Preis, und den sollten wir dem Lebensmittelerzeuger, wie es die biologisch geführte Landwirtschaft ist, zugestehen, damit die Landbestellung im naturgemässen Sinn auch durchgeführt werden kann.

Die Konsequenz heisst biologisch gärtnern plus EM

Die qualitativ «gute» Frischkost im Verkaufsregal ist bequem zu erreichen, hat aber bereits lange Transportwege hinter sich und trotz Kühlung schon die meisten lebenswichtigen Wertstoffe verloren. Nur eine halbe Stunde nach der Ernte fehlen den Tomaten bereits 50 % dieser Inhaltsstoffe. Wer dagegen den Werdegang vom Samenkorn bis zur Ernte selber mitgestaltet, weiss, was auf seinem Teller landet. Für ihn gibt es nichts Besseres, als Gemüse aus dem biologisch kultivierten Garten zu geniessen – von der Scholle direkt auf den Tisch. Wenn dieser Garten auch noch mit Effektiven Mikroorganismen gepflegt wird, erhöht sich der Anteil an Leben vermittelnden Substanzen im Gemüse nochmals.

Es ist zu wenig bekannt, dass der Einsatz von Kunstdünger das Regelsystem des Pflanzengewebes stört und Zellinformationen (Wellengleichtakt, Photonenstrahlung) dann nicht weitergegeben werden. Daraus hergestellte Nahrungsmittel füllen nur noch den Magen, ohne Lebenskraft zu vermitteln.

Selbstversorgung ist «in»

Die Zustände unserer Umwelt und die Ernährung aus verarmten Böden erfordern ein Umdenken. Der Schritt vom eigenen Gemüsegarten zur Selbstversorgung ist eine (bio)logische Folge und damit einhergehend auch eine persönliche Weiterentwicklung, weil Zusammenhänge in der Natur erlebt werden und unser Bewusstsein ganz neue Horizonte entdeckt. Der Begriff Selbstversorgung ist weit gefasst und reicht von „ein wenig so tun als ob" bis zur Perfektion, je nach persönlichen Möglichkeiten. Hauptsache ist, man macht sich nicht nur Gedanken, sondern setzt sie auch in die Tat um.

Mischkultur mit EM-Pflege wird zum Augen- und Gaumenschmaus.

Selbstversorgung ist arbeitsintensiv, ja. Aber – ist es nicht wie in vielen Situationen? Man hat immer Zeit für das, was einem wichtig ist. Susanne rät, anfangs nicht mit zu grosser Kelle anzurühren, sondern im Kleinen zu

beginnen, z. B. mit schnell wachsenden und einfach zu kultivierenden Blattgemüse, sodass es beim Spass bleibt, wenn nach Feierabend noch schnell ein kleines Beet gerichtet werden sollte.
Intensiv praktizierende Selbstversorger finden Möglichkeiten, sich ein paar Bienenvölker für die Süsse des Lebens und Hühner für die Eier- und Hühnermistproduktion zu halten.
Fortgeschrittene sind auf den eigenen «Mist» per Humustoilette stolz und haben ein schlechtes Gewissen, wenn sie ihren persönlichen Wertstoff ins Abwasser schwemmen, anstatt diesen hochrangigen Dünger zu bokashieren. Erst mit diesen Konsequenzen ist für sie der Lebensmittelkreislauf in der Selbstversorgung ganz ehrlich und vollkommen.
Für die ganz «Angefressenen» gehören natürlich noch Milchschafe oder ein paar Ziegen dazu. Dass der Geldbeutel für Einkäufe nicht mehr so strapaziert wird, ist ein angenehmer Nebeneffekt.

EM-Brot auf Holzglut gebacken ist eine besondere Delikatesse.

Mit EM ist die Fruchtfolge nicht mehr kompliziert. Salate oder Radieschen können ohne weiteres in mehreren Sätzen nacheinander am gleichen Platz gepflanzt werden. Im Frühjahr mit „Kurzkulturen" wie Blattsalate, Erbsen, Dicke Bohnen und frühe Gemüsesorten starten, damit nach deren Ernte im Sommer Platz für die Herbstsorten ist, die für den Wintervorrat so wichtig sind. Stangenbohnen werden über einen längeren Zeitraum gepflückt als das mit Buschbohnen möglich ist. Zudem benötigen die in die Höhe kletternden Sorten weniger Platz. Zucchini und Brokkoli sieht man förmlich wachsen. Durch den hohen Ertrag können auch noch Nachbarn bedacht werden.

Bienen füllen die Waben, auch für uns.

EM-gepflegte Beeren sind so aromatisch, dass man davon nicht genug kriegen kann. Sie bleiben im Kühlschrank viel länger frisch. Die Saison startet mit Erdbeeren, setzt sich mit Johannis-und Stachelbeeren fort, dann reifen Himbeeren und Kulturheidelbeeren. Die Frischfruchtsaison endet mit Herbsthimbeeren und Trauben. Eingefroren, gedörrt oder zu Konfitüre verarbeitet, bereichern sie den winterlichen Speisezettel.

◀ Köstliche Beeren runden den Genuss aus dem eigenen Garten.

▼ Hühner liefern Eier und Mist.

Selbstversorgung im Kleinstformat: Tomaten auf dem Fensterbrett.

Obstgehölze – ja, wenn die noch Platz haben, wäre das wunderbar. Sie werten das Eigenanbau-Angebot auf delikate Weise auf.
In der EM-geführten Kultur halten die meisten Herbstgemüse auf dem Beet bis in den Winter hinein durch. Ein kleines Gewächshaus oder der Frühbeetkasten verlängern die Frischkostsaison und schliessen mit frühen Aussaaten die winterliche Lücke im Gartenjahreskreis.

Benötigte Fläche für die Selbstversorgung pro Kopf:

- 50 Quadratmeter Nutzfläche ohne Brotgetreide und Tierhaltung.
- 100 Quadratmeter mit Brotgetreide.

Aber auch ein kleines Stück Land, der Balkongarten oder ein paar Kisten mit Erde als Quadratbeet auf dem Garagendach sind vergnügliche Anfänge, die uns vom Supermarktbewusstsein in die Selbstversorgerschiene bringen können. Es ist mehr möglich, als man anfangs glaubt.

Terra Preta + EM ist die neue Zauberformel für den Bioanbau.

Terra Preta ist eine gute Partnerin zu EM

Mit Hilfe der Effektiven Mikroorganismen lässt sich der Lebensmittelkreislauf sichtlich optimieren, wenn Rüstabfälle aus der Küche und Ernteabfälle vom Garten bokashiert und wieder der Erde zurückgegeben werden. Wenn dann ausser mit organischem Material und EM auch noch mit Pflanzenkohle gewirtschaftet wird, ist ein Humusaufbau in wenigen Jahren möglich. Die wieder entdeckte Methode der Indios im Amazonasgebiet zeigt, dass Pflanzenkohle der wichtigste Strukturbildner des Bodens ist und dauerhafte Wohnung für Nährstoffe und Mikroben bietet.
Was in einem solchen BIO-EM-Terra Preta-Garten wächst, hat mehr Inhalt an sekundären Pflanzenstoffen und Vitaminen, bessere Haltbarkeiten und ist entschieden widerstandsfähiger.

Mischkultur mit EM-Pflege wird zum Augen- und Gaumenschmaus.

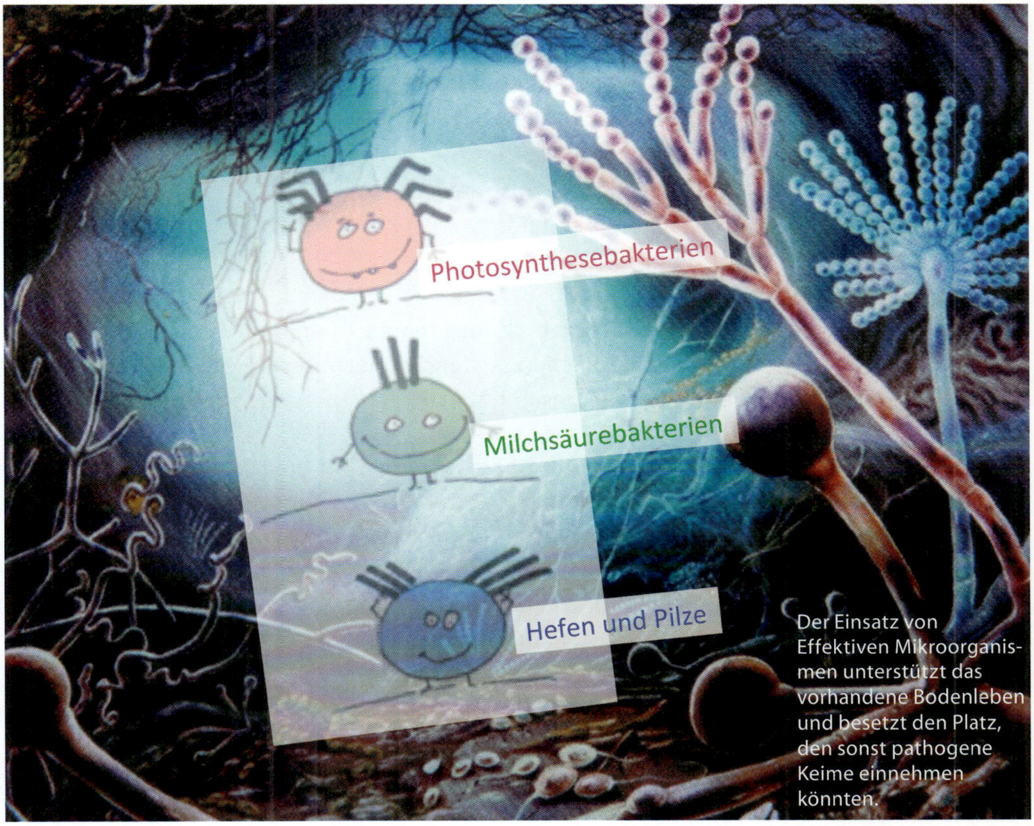

Der Einsatz von Effektiven Mikroorganismen unterstützt das vorhandene Bodenleben und besetzt den Platz, den sonst pathogene Keime einnehmen könnten.

Was ist EM

Mikroorganismen sind die Grundlage allen Lebens.

Sind die Voraussetzungen für Mikroben ideal, vermehren sie sich in kurzer Zeit in astronomische Anzahlen: Aus einem Individuum können innerhalb 24 Stunden bereits 300 Millionen Nachkommen entstehen. Raoul Francé hat uns das so veranschaulicht: «In einer Hand voll guten Bodens sind mehr Lebewesen als Menschen auf dieser Erde.» Jede Pflanze, jedes Tier und jeder Mensch haben ihre ganz eigene Bakterienflora, werden von ihr von der Geburt bis zum Tod begleitet. Alle Organismen leben auf irgendeine Art mit Bakterien in Koexistenz zusammen (friedliches Mit- und Nebeneinander).

Weil der Wert unserer Ernährung vom Zustand des Bodens abhängt, bestehen logischerweise Beziehungen zwischen Bodenfruchtbarkeit und biologischer Qualität der Lebensmittel und unserer Grundgesundheit.

Mikroben erkennen fremde Antikörper und wandeln sie umgehend in biologisch nützliche Substanzen um. Sie können wie Kamele mehr Wasser aufnehmen als sie gerade brauchen. Was zuviel ist, geben sie in Trockenzeiten an ihre Umgebung, an Boden und Pflanzen ab. Ihre Körper sind ein chemisches Wunderwerk, das die Bestandteile der Erde in pflanzenverfügbare Nährstoffe verwandelt, zum Beispiel

- Stickstoff zu Aminosäure
- Phosphor zu Phosphat
- Schwefel zu Sulfat
- Chlor zu Chlorid
- Bor zu Borat

Ist ihre Arbeit getan, reduzieren sie ihren Stoffwechsel, verfallen in einen schlafähnlichen Zustand, ruhen als widerstandsfähige Sporen oder überleben geschützt in Proteinen oder anderen Substanzen.

Mikroben sind die Indikatoren für
• lebendige Substanz
• biologische Wertigkeit
• Zelltauglichkeit
• Nahrungswert
• Gesundheit eines Organismus
• Tauglichkeit eines jeden Nährsubstrates jeder Garten- oder Ackererde.
H. Pommeresche

Die Effektiven Mikroorganismen sind eine Mischung, in der verschiedene Gruppen Bodenmikroben zusammengeführt wurden. Sie wurden in den 80erJahren in Japan entwickelt und haben sich als großartige Hilfe in vielen Bereichen unseres Lebens erwiesen. Sie werden in Europa in der Natur gesammelt und nach japanischer Rezeptur vermehrt. In diesem Prozess dient die Zuckerrohrmelasse als Nahrung. Wenn die Melasse aufgezehrt ist, bilden die Effektiven Mikroorganismen ihre Ruheform*. In diesem Zustand ist es möglich, dass die gegensätzlich lebenden Mikroorganismen zusammen in einer Flasche aufbewahrt werden können. Kommen sie in feuchte Erde oder in Flüssigkeiten wie Wasser, werden sie wieder aktiv. EM-Mikrobenstämme sind in der Lage, Zerfallsprozesse nicht nur zu stoppen, sondern sogar in den Aufbau umzukehren.

Die drei Hauptgruppen der Effektiven Mikroorganismen leben ohne Sauerstoff (anaerob):

- **Photosynthesebakterien** sind Urbakterien, die bereits die Vulkanglut mit mehr als 1200 °C überlebten und die Stickstoffhülle der Erde durch ihren Stoffwechsel mit Sauerstoff anreicherten und so das Leben auf der Erde ermöglichten. Sie fressen am liebsten jegliche Art von Schmutz und zerteilen giftige Verbindungen wieder in ihre harmloseren Einzelsubstanzen.
- **Milchsäurebakterien** sind in vielen Fermentationsprozessen die Hauptakteure, wie wir das von der Milchverarbeitung zu Käse, Joghurt oder beim Sauerkraut kennen.
- **Hefen und Pilze** (fermentaktiv* wirkende Gruppen) sind auch für die Herstellung von Wein, Bier oder Brot zuständig.

Eine kleine Menge Azotobakter bildet die 4. Gruppe. Sie braucht zum Leben Sauerstoff (aerob).

Aus wissenschaftlicher Sicht ist diese Mikroben-Zusammensetzung gar nicht machbar. Doch scheint in der EM-Mixtur eine Art Symbiose zwischen den unterschiedlich wirkenden Mikroben zu bestehen, denn ein Teil der Mikroben (Azotobakter, aerob) braucht zum Leben Sauerstoff um Stickstoff zu produzieren. Der andere Teil (z. B. Photosynthesebakterien, anaerob) braucht Stickstoff und produziert dabei Sauerstoff, der wiederum für Azotobakter Voraussetzung ist, um sich entwickeln zu können. Beide «Lager» leben und vermehren sich im Wechselspiel zwischen einem aeroben und dem folgenden anaeroben Milieu. Diese Abfolge ist in der Natur oft gegeben, wie es sich im Kreislauf des Lebens zeigt: Es wird gefressen um zu überleben, um wiederum gefressen zu werden und so fort. Der massgebliche Faktor für beide Parteien ist jeweils, auf welcher Seite das Pendel dieses Perpetuum mobile* gerade ausschlägt, im ewigen Rhythmus. Aus dem fortlaufenden Stoffwechsel entstehen «Abfallprodukte» wie Vitamine, Enzyme*, Aminosäure, organische Säuren, Polysaccharide* und viele antioxidativ wirkende Substanzen und dienen als aufbauende Lebensstoffe.

Jede Zelle ist wie eine komplizierte Fabrik. Sie muss informieren und Informationen empfangen, Nahrung und andere Stoffe aufnehmen, umbauen, transportieren, verwerten und ausscheiden
H. Pommeresche.

Das Dominanzprinzip

Das Naturgesetz der Dominanz funktioniert auf der Ebene der Polarität und ist kein Widerspruch zum Naturgesetz des Gleichgewichtes, das alle Kräfte in den Ausgleich zu bringen sucht.

Abbau Gleichgewicht Aufbau

Unsere Umwelt driftet in ihrer Entwicklung zunehmend in die Dominanz des Abbaus. Um das gestörte Bodenleben aus der vorwiegenden Oxidation (Abbau) herauszuholen, ist es notwendig, Antioxidanzien (Aufbau fördernde) intensiv einzusetzen.
Die Mixtur der Effektiven Mikroorganismen ist einer der möglichen Wege, unsere Erde wieder in die Nähe des Gleichgewichts zu bringen, mit einer leichten Dominanz in die Leben aufbauende Richtung.

EM wirkt am besten und am nachhaltigsten über den Boden

Der Anwendungsbereich der Effektiven Mikroorganismen bezog sich anfangs lediglich auf die Landwirtschaft und den Gartenbau. Dass EM auf allen Ebenen des Lebens segensreich einwirken, ahnte vor 30 Jahren niemand. Doch stellte es sich durch kreative Anwender heraus, dass diese Mixtur die Lebenskraft und Gesundheit aller Organismen (auch Tiere und Menschen) stärkt und degenerative, krank machende Abläufe verhindert.

Was passiert, wenn die Mikrobis vom Brett springen?

Die Heimat der einzelnen Mikrobenstämme der Effektiven Mikroorganismen ist der Boden. Dort fühlen sie sich wohl und «entrümpeln» alles, was der Erde schadet. Sie räumen so lange auf, bis ihre Wohnstatt wieder vollkommen eingerichtet ist. Wenn wir ihren Lebensrhythmus nicht stören, sondern unseren Beitrag dazu leisten, die Mikroben zu unterstützen, indem wir

- ohne Kunstdünger wirtschaften
- keine giftigen Pflanzenschutzmittel verwenden
- nicht mehr tiefgründig umgraben
- genug organisches Futter zuführen

dann kann der jämmerlichste Boden wieder gesunden und mit ihm eine kleine Parzelle der geplagten Umwelt.

Der Einsatz von Effektiven Mikroorganismen im Garten fördert das Bodenleben und damit die Nährstoffverfügbarkeit für Pflanzen.

- Durch die Leben aufbauenden Kräfte werden Fäulnisprozesse unterbunden und es können gesunde, vitale Gemüse heranwachsen.
- Schaderreger finden keine geschwächten Gewächse vor, die sie aufräumen sollten. Bei konsequenter EM-Anwendung werden Schnecken mit der Zeit arbeitslos.
- Kompost und Mist stinken nicht.
- Wasserbiotope bleiben klar, die Algenplage verschwindet.

Mikroben reagieren auf ein harmonisches Umfeld, auf unsere Zuwendung und begleitende freundliche Gedanken.Ihre Antwort ist eine gute Vermehrungsqualität.

Der von den Effektiven Mikroorganismen ausgehende positive Einfluss verbessert die Nahrungsqualitäten und trägt zur Gesundung alles Lebendigen bei.

EM-Keramik

Verschiedene Formen der EM-Keramik: Pulver, Pipes, Ringe. Die Effektiven Mikroorganismen werden in Ton eingebrannt. Die Wirksamkeit der magnetischen Resonanzschwingung und elektronischen Signale bleibt erhalten (links).

EM-Keramik wird bei 1200 °C gebrannt (Mitte).

Mit EM-Keramikpipes im Vasenwasser bleiben Blumen länger frisch, das Wasser bleibt klar, stinkt nicht und muss nicht so oft ausgewechselt werden: Je nach Vasengrösse bis 15 Pipes zugeben (rechts).

Das Charakteristikum von EM-Keramik ist, dass es die Funktion von anorganischem Material (Ton) mit organischem (EM) vereint. Diese Kombination stabilisiert die Wirkung von EM bei der Bodenverbesserung. Die in den Ton gebrannten Effektiven Mikroorganismen sind in einer Art Ruhezustand. Als Keramik-Röhrchen (Pipes) oder Pulver unterstützt diese EM-Form alle Umsetzungsprozesse im Boden und im Wasser. Ganz erstaunliche Ergebnisse erzielt das feingemahlene EM-Keramikpulver zusammen mit Urgesteinsmehl (EM+U). Es hilft den Mikroben, Mineralien, Nährstoffe und Spurenelemente in pflanzentaugliche organische Formen umzuwandeln.

Gründe für die phänomenale Wirkung der Keramik sind die magnetischen Resonanzwellen und elektronischen Signale, die ihre ganz spezifischen Informationen an die Umgebung abgeben: Für die Natur wird das Signal für Antioxidanz übermittelt und Oxidation verhindert. Die EM-Keramik überträgt diese Eigenschaft auch auf andere Materialien.

Verschiedene EM-Keramikformen

Die Wirkung der EM–Keramik bleibt konstant erhalten:

- Graues EM-Keramikpulver lässt sich mit anderen Materialien gut vermischen. Es dient den Effektiven Mikroorganismen als Ankerplatz und kickt Ruheformen von antioxidativ wirkenden Bodenmikroben zu neuem Leben an.
- Das zartrosa Amron-EM-Keramikpulver ist besonders fein gemahlen, etwas poröser und eignet sich für Pflanzenschutzspritzungen, weil es die Düsen weniger verstopft.
- Die feste EM-Keramik in Form von Hohlröhrchen (Pipes) wird überall da eingesetzt, wo sich das Pulver nicht eignet, zum Beispiel im Wasser oder in anderen Flüssigkeiten.
- EM-Keramikringe gibt es in zwei Grössen: klein für Flüssigkeiten bis zu 50 Liter; gross für 200 bis 500 Liter.

Inzwischen gibt es viele spezielle Keramiken für die Wasseraufbereitung, die mit EM-fermentiertem Ton hergestellt wurden.

EMa-Vermehrung

Eine der vielen schönen Seiten von EM: Aus einem Liter werden durch Vermehrung 33 Liter EMa. Damit sind die Kosten pro Liter EMa auch fast 30-mal geringer als bei der gleichen Menge EM. Das erleichtert die grosszügige Verwendung.

Achte auf deine Gedanken, denn sie werden Worte. Achte auf deine Worte, denn sie werden Handlungen. Achte auf deine Gewohnheiten, denn sie werden dein Leben bestimmen.
Aus dem Talmud*

Die EM-Vermehrung zu EMa ist eine Gärung ohne Sauerstoff und nicht schwierig auszuführen, wenn grundlegende Regeln eingehalten werden:

- gleichmässige Temperaturen um ±35 °C
- saubere Vermehrungsbehälter aus lebensmittelechtem Kunststoff
- die elektrische Wärmequelle muss für Flüssigkeiten zugelassen sein (Aquarienheizstab). Genügend Abstand von Elektrosmog-Quellen einräumen
- EM verwenden, das eine gute Qualität hat und gut riecht. Der pH-Wert sollte zwischen 3,3 und 3,6 liegen
- Zuckerrohrmelasse – wenn möglich – aus zertifiziertem biologischem Anbau verwenden
- reines oder gefiltertes Wasser mit EM-Keramikpipes aufbereiten oder durch einen Wasserwirbler (nach dem Schauberger-Prinzip) schicken
- tägliche Kontrolle des Gärprozesses
- Gärgase sollten entweichen können, ohne Luft einzulassen (mit Gärspund fermentieren).

Ausser diesem Modell werden auch noch andere Fermenter in verschiedenen Grössen angeboten.

Die Temperaturen und die Fermentationsdauer müssen eingehalten werden, damit sich alle Bakterien in der gewünschten Zusammensetzung vermehren. Die konstante Temperatur von ±35 °C garantiert eine korrekte Vermehrung, die 7 bis 9 Tage dauert, bis alle Prozesse durchlaufen sind und eine ausgeglichene Mikroben-Zusammensetzung herangewachsen ist. Bei Temperaturen, die unter 32 °C sinken oder über 38 °C steigen, verändert sich die ursprüngliche Anzahl und Menge der Mikrobenstämme, die nicht mehr als effektiv bezeichnet werden können und nicht die Wirkung bringen, wie sie von EM erwartet wird.

EMa selber herstellen

Für die EMa-Vermehrung alles bereitstellen: Fermenter, EM und Melasse, Heizstab, Messzylinder mit Feineinteilung.

Die Rezeptur für EMa ist einfach, das herangereifte Ergebnis ein kleines Wunder. Vorbereitung:

- Trinkwasser am Tag vorher oder für einige Stunden mit EM-Keramikpipes «abstehen» lassen. Dann können Chlor und andere unerwünschte Zusätze aus dem Leitungswasser entweichen
- Das vorbereitete Trinkwasser für die Vermehrung erhitzen (nicht über 60 °C), um eventuelle Fremdkeime aus der beizufügenden Melasse zu entfernen

Die abgemessene Melassemenge in das heisse Wasser einrühren und abkühlen lassen (unter 40 °C). In dieser Zeit alle anderen Zutaten und Gerätschaften bereitlegen.

Zutatenmengen

für 1 l EMa	**für 3 l EMa**	**für 5 l EMa**
30 ml EM	90 ml EM	150 ml EM
30 ml Melasse	90 ml Melasse	150 ml Melasse
940 ml Wasser	2,820 l Wasser	4,700 l Wasser

Verschiedene Zusätze können EMa-Fermentierungen immens stabilisieren. Mögliche Beigaben pro 1 Liter:

- 4 bis 8 EM-Keramikpipes, sie verbessern die Haltbarkeit auf 12 bis 24 Monate
- 1 g Kristallsalz oder Meersalz (am besten Fleur de Sel) – oder noch besser: das hochenergetische EM-Salz – zufügen
- Greengold oder Biplantol oder andere Energieträger verstärken die Wirkung und die Haltbarkeit.

Die EMa-Vermehrung ist nicht mit einer Vergärung von Wein oder Schnaps zu vergleichen, denn hier sind ausser Hefen auch andere Mikroben am Werk. Sorgfältiges und sauberes Arbeiten ist Voraussetzung für eine geglückte Vermehrung (begleitende, freundliche Gedanken an die Effektiven Mikroorganismen werden bestimmt erhört).

Zubereitung

- das Gefäss und die «Handwerkszeuge» wie Messbecher und Rührlöffel kurz vor Vermehrung gründlich reinigen und mit kochend heissem Wasser nachspülen
- die abgekühlte Lösung (unter 40 °C) aus Wasser und Melasse in den Fermenter einfüllen
- EM dazugeben und ev. Zusätze für die Stabilisierung

Bei grösseren Behältern die Vermehrungsmischung sorgfältig durchrühren, bei kleinen Behältern den Fermenter schliessen und mit ruhiger Bewegung hin und her schwenken (Inhalt vermischt sich).

Biologische Zuckerrohrmelasse mit einem Teil des vorbereiteten, erwärmten Wassers anrühren und abkühlen lassen (unter 40 °C).

Abgekühlte Melasse, Wasser und EM in den Fermenter einfüllen.
Pro Liter Inhalt 3 Pipes zugeben.

Mögliche Zusätze: pro Liter 4 – 8 EM-Keramikpipes, 1g Kristallsalz oder EM-Meersalz und nach Belieben 1 ml Biplantol oder Greengold zugeben.

Die Vermehrungssuppe ohne Hast schwenken oder bei grösseren Mengen mit einem sauberen Holzlöffel umrühren.

An einem gleichmässig warmen und abgedunkelten Platz aufstellen. Bei schwankenden Temperaturen oder zu kühlem Platz mit Decken zur Isolierung umhüllen.

Kontrollen während der Fermentierung:

- Täglich die Temperaturen überprüfen (für die Messung eignet sich ein einfaches Fieberthermometer)
- den Gärprozess beobachten (aufsteigende Bläschen).

Nach 5 Tagen beruhigt sich die Gärung, nach 7 bis 9 Tagen ist sie fertig.

Messung des pH-Wertes

- Lackmus-Papier mit einer Werteskala von 3 bis 5 verwenden (eine Messskala von 4 bis 14 ist zu ungenau)
- elektrische pH-Meter mit Feineinteilungen bringen genaue Messergebnisse.

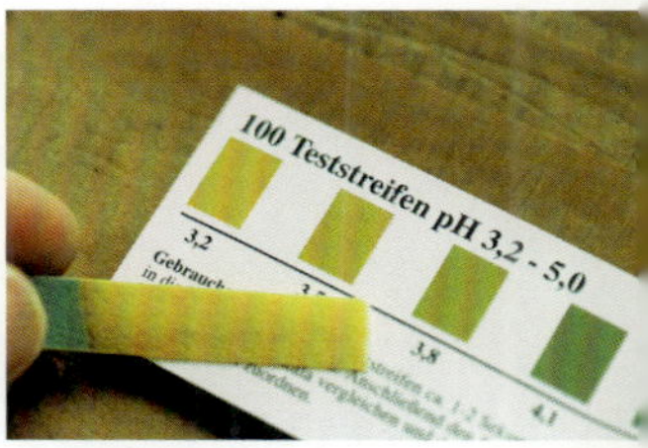

Der pH-Wert liegt zwischen 3,2 und 3,5 (Lackmuspapier mit der Werteskala von 3,2 bis 5 verwenden).

Aufbewahrung und Haltbarkeit: In kleinere, handliche Flaschen abgefüllt, mit Datum versehen und wie EM kühl (8 bis 14 °C) an einem dunklen Ort aufbewahren (wenn möglich ohne E-Smog). Nach Öffnung sollte das EMa innerhalb von 14 Tagen verbraucht werden.
Tipp: Bei grösseren Vermehrungsmengen das EMa in handliche 10-Liter-Foliensäcke abfüllen (mit Ablasshahn, wie sie in Süssmostereien verwendet werden). Den Hahn nur zu zwei Dritteln in die Hahnenmanschette einführen (bis zum 2. Ring). Dann kann der gleiche Sack mehrmals nacheinander verwendet werden, weil sich der Ablasshahn für eine neue Füllung problemlos aus dem Sack herauslösen und erneut einsetzen lässt.

EMa-Lagerung: Der Ablasshahn des Foliensacks lässt EMa raus und keine Luft rein. Das EMa ist ohne Sauerstoffeintrag viel länger haltbar.

EM5 (mit Alkohol)

Das vielseitig wirkende Pflanzenstärkungsmittel hilft gegen tierische Schädlinge und Pilzerkrankungen.
Für den Ansatz von EM5 wird ein vorhandenes EMa verwendet, dem in einer zusätzlichen, nachfolgenden Fermentierung Alkohol und Essig zugesetzt werden. Die Temperatur sollte leicht höher sein als bei der EMa-Herstellung üblich ist und im Minimum bei 36 bis 38 °C liegen Der Grund: Alkohol setzt die Aktivität der Mikroorganismen am Anfang der Fermentierung kurzzeitig herunter.

Rezeptur für EM5

Ein frisches EMa wird ein 2. Mal fermentiert: Für 1 Liter EM5

970ml warmes, frisches EMa
15 ml Bio-Apfelessig
15 ml Alkohol (Rum oder Vorlauf von Obstbrand, 40–44%ig)
→ miteinander mischen

Wer die Wirkung von EM5 noch steigern will, fügt der vorbereiteten Vermehrung ausser Essig und Alkohol noch diese im Mixer zerkleinerten Zutaten pro 1 Liter EM5 bei:

- 3 g braune, getrocknete Zwiebelschalen
- 3 g kleingeschnittene Knoblauchzehen
- 5 g frische Breitwegerichblätter oder 4 g getrocknete
- 4 g frische Zitronenmelisse.

EM5 mit Zusatz von Zwiebelschalen, Knoblauch und getrocknetem Breitwegerich verdirbt Plagegeistern den Appetit auf behandelte Pflanzen.

Reifung: Es dauert ungefähr 4 Wochen, bis sich alles in die Nähe des Gleichgewichts eingependelt hat. Die Reifung zu EM5 ist abgeschlossen, wenn es eher nach Alkohol als nach Melasse riecht und der pH-Wert zwischen 3,3 und 3,7 liegt. Vor der Abfüllung in kleinere Gebinde die festen Stoffe der zusätzlichen Beigaben absieben.

Haltbarkeit: Verschlossen und dunkel bei gleichmässig kühlen Temperaturen von 12 bis 18 °C aufbewahrt, hält sich EM5 wie EMa 2 bis 3 Wochen. Mit den konservierenden Zusätzen wie EM-Pipes, EM-Salz oder anderen Energieträgern verlängert sich die Haltbarkeit von EM5 auf mehrere Monate oder gar ein Jahr.

FPE = Fermentierter Pflanzenextrakt.

Für dieses Spritzmittel wird ein vorhandenes EMa verwendet, dem in einer zusätzlichen, nachfolgenden Fermentierung verschiedene Wild- und Gartenkräuter beigegeben werden. Antiseptisch* wirkende Kräuter werden in eine verträgliche Form für die Effektiven Mikroorganismen verstoffwechselt, ohne die Wirkung auf Pflanzen zu verlieren. Die Kräuterzusammensetzung hängt davon ab, welches Schadbild vorliegt und was uns die Jahreszeit an Pflanzen gerade bietet.

Wichtig: Keine Zwiebelgewächse oder für Tiere giftige Pflanzen verwenden.

Rezeptur für 1 Liter EM-FPE

Für die Fermentierung ist ein Gefäss mit grösserer Öffnung praktisch, um die Kräuter einzufüllen.

Dem fertigen, frischen EMa möglichst an einem Blatttag bei zunehmendem Mond pro Liter

- 200 g frische, kleingeschnittene Kräuter in einer vielfältigen Mischung zufügen und bei ±35 °C wie EMa nochmals 7 Tage lang fermentieren.

Vor Abfüllung in kleinere Gebinde die festen Stoffe der Kräuter absieben.

Haltbarkeit wie EMa bei 12 bis 18 °C je nach Zusätzen.

Die abgesiebten Kräutermaterialien auf dem Bokashi-Walm entsorgen.

Bokashi

Gesund für Boden – Pflanze – Tier – Mensch

Eine einfache, sehr umweltfreundliche Methode, hochwertigen, organischen Dünger herzustellen und gleichzeitig den Boden auf vielfältigste Weise mit Mikrobenleben und Nährstoffen zu versorgen ist die beste Voraussetzung für Nahrung aus gehaltvollen Ernten.

Der Ausdruck «Bokashi» kommt aus Japan und heisst so viel wie «graduelle Umwandlung» und ganz frei übersetzt «fermentiertes organisches Allerlei».

Durch diese Fermentierung läuft der Wandlungsprozess ähnlich wie bei der Einsäuerung vom Weisskohl ab, welcher als Sauerkraut auch mehr lebenswichtige Stoffe vorweist als der frische Weisskohl.

Das fertig fermentierte Bokashi vererdet rasch und ist für Pflanzen innerhalb von ein bis zwei Wochen «verdaulich». Die Effektiven Mikroorganismen im fertigen Bokashi vermehren sich – im Boden ausgebracht – weiter und aktivieren auch die bereits vorhandenen Mikroben. Ihr Ausscheidungsprodukt ist u.a. die für Pflanzen verfügbare Aminosäure (aufbauende Eiweiss-Verbindung). Weil keine Fäulnis und keine Zersetzungsgifte vorhanden sind, wachsen Pflanzen mit stabiler Widerstandskraft heran. Pilzkrankheiten fehlen die Angriffspunkte, Schnecken finden keine Aufgabe in diesem starken, gesunden Umfeld vor. Folglich reduziert sich auch ihre Population in eine für den Garten erträgliche Anzahl.

Denk «Leben» bei allem, was du dir im Garten vornimmst. Diese Anweisung gilt dem Edaphon*, dem Mikrobenleben in der Gartenerde.

H. Pommeresche

Aus Erde kommt es und wieder zur Erde muss es (frei nach Goethe).

Das Schicksal, das wir unserem Boden bereiten, ist auch unser Schicksal. E. Hennig

Kompost ist Oxidation = Abbau	Bokashi ist Antioxidation = Aufbau
Organisches Material lagert offen an der Luft.	Organisches Material lagert mit EM vermischt luftdicht abgedeckt.
Durch den Sauerstoff setzt die Zersetzung (Rotte) ein, wobei die Temperaturen bis auf 70 °C steigen.	Verdichtet und ohne Sauerstoff setzt die Fermentierung ein, die keine Hitze erzeugt.
Dabei entweicht bis zu 70 % des Stickstoffs als Gas in die Luft oder als Sickerflüssigkeit ins Grundwasser. Es stinkt.	Alle Nähr- und Pflanzenstoffe bleiben erhalten und werden durch den Mikrobenstoffwechsel noch erhöht. Es entsteht kein Faulgeruch.
Wird das Material nicht täglich umgesetzt, verläuft der Umbauprozess über Fäulnis. Wurzelgifte (Nitride, Sulfide) töten Kleinlebewesen. Beikrautsamen bleiben keimfähig.	Es entstehen keine Gifte. Mikroben werden nicht vernichtet. Sie arbeiten ohne Unterbruch weiter. Beikrautsamen sind nicht mehr keimfähig ausser Brennnesseln und den hartschaligen Samen.
Der Reifeprozess dauert 1 bis 2 Jahre, bis sich alle Gifte abgebaut haben und sich neues Kleinlebewesen wieder ansiedeln kann.	Der Reifeprozess dauert im Sommer 2 Monate, im Winter bis 6 Monate. Das Material wird nicht gewendet. Man bekommt mit weniger Ausgangsmaterial mehr Substanz.

Anwendungs-Hinweise

Abkürzungen für EM-Grundmengen: Sie gelten immer, **wenn nichts anderes vermerkt ist.** Sie sind auf der hinteren Buchumschlagsklappe aufgeführt.

Gemüseabfall aus Küche und Garten 2 bis 3 Tage sammeln, grosse und harte Teile vorher zerkleinern. Jede Gabe mit EML besprühen oder mit Futterbokashi überstreuen. An einem kühlen Ort aufbewahren. So braucht die Tonne nur 2- bis 3-mal pro Woche gefüllt zu werden.

Was wird fermentiert?

Das organische Allerlei wird nach den gleichen Gesichtspunkten wie für den konventionellen Kompost gesammelt. Es eignen sich

- für «Küchenbokashi» alles, was beim Gemüseputzen in der Küche anfällt, auch Bananen. Keine gekochten Speisereste verwenden. Die können zwar auch bokashiert werden, dies ist aber ein Verlustgeschäft in punkto Nährstoffgehalt, denn durch den Kochvorgang wurden viele der wichtigen Vitalstoffe zerstört
- **Bokashi aus Gartenabfällen:** Ernterückstände, Sträucher-, Gras- und Staudenrückschnitt. Auch unliebsame, samentra-

gende Beikräuter und «gefährliche» Wurzeln können bedenkenlos fermentiert werden.

Als Faustregel gilt: Je feiner das Material zerkleinert und je besser es miteinander vermischt ist, desto rascher verläuft die Bokashierung. Ideal ist eine Temperatur zwischen 18 und 25 °C.

Futterbokashi und Düngebokashi sind als streufähiges Fertigprodukt oder in Form von Pellets im Handel. Sie eignen sich auch sehr gut für die «hausgemachte» Bokashi-Herstellung, vor allem, wenn weniger Sickersaft erwünscht ist.

Wie lange dauert eine Bokashierung?

Die Fermentation ist ein lebendiger Wandlungsprozess und nicht in genaue Zeitabschnitte einzugrenzen. Das Tempo hängt von der Zusammensetzung des organischen Ausgangsmaterials ab, ob es aus groben Teilen besteht oder fein zerhäckselt ist.
Die Temperaturen spielen eine wichtige Rolle. Bei 20 bis 25 °C geht die Umwesung rasch. Sie ruht unter 8 °C. Bei ausgeglichenen 20 °C und korrekter Füllarbeit dauert eine Bokashierung etwa 3 Wochen, in kühlen Perioden kann sie sich auf 6 Wochen ausdehnen. Bokashi mit Mistanteilen hat eine Reifedauer bis zu 2 Monaten und richtet sich danach, wie stark der Mistanteil schon vorweg fermentiert wurde.

**Lasst vergehen, was vergeht.
Es vergeht, um wiederzukehren.
Es altert, um sich zu verjüngen.
Es trennt sich, um sich inniger zu vereinen
Es stirbt, um lebendig zu werden.**

Friedrich Hölderlin

Sickersaft entsteht, weil bei der Fermentierung die Gewebeflüssigkeiten aus den Zellen des organischen Materials austreten. An der Luft verdirbt er sehr schnell und beginnt nach kurzer Zeit zu stinken. Deshalb die Flüssigkeit am besten täglich ablassen und so frisch wie möglich verbrauchen. Solange dieser Zellgewebesaft gut riecht, kann man ihn stark verdünnt (10 ml auf 1 l Wasser) verwenden:

- als hochwertigen Dünger.
- Für Toilette, Ausgüsse, Abflussrohre, wenn der Saft nicht mehr in Ordnung ist und unangenehm riecht.

❶ Küchenbokashi

Um in das umfangreiche Thema auf einfache Art einzusteigen und Erfahrungen zu sammeln, eignet sich die Herstellung von Küchenbokashi am besten. Wenn der Kompostplatz von der Küche weit entfernt liegt (z.B. in Schrebergärten), ist diese Bokashierung aus Gemüseabfällen besonders praktisch, weil sie zu Hause in der Wohnung durchgeführt werden kann.

Spezieller Bokashi-Eimer mit herausnehmbarem Sieb, Auslaufhahn und dicht schliessendem Deckel.

Der spezielle Bokashi-Eimer besteht aus einem Kunststoff, der mit EM Keramikpulver-Zusatz hergestellt wurde und die Schwingungsinformation von EM in sich trägt. Das unterstützt die Umsetzung der Grünabfälle. Der Behälter kann in der Küche oder an einem Platz stehen, der von der Küche aus bequem zu erreichen und keinen grossen Temperaturschwankungen ausgesetzt ist (z.B. eine kleine Ecke im Hausgang oder eine Abstellkammer).

Vorbereitung: Gemüseabfälle zerkleinern, damit die Umsetzung gleichmässig verläuft, denn grössere Stücke brauchen für die Umwesung länger. Kommt täglich nur wenig organisches Material zusammen, kann es an einem kühlen Ort ein paar Tage zwischengelagert und mit EML übersprüht werden, bis es sich lohnt, den Eimer zu füllen. Besser ist es, alle Abfälle so frisch wie möglich in den Bokashi-Eimer einzufüllen, bevor sich Zersetzung durch Fäulnis breit macht. Jede Füllschicht verdichten und mit einem Sandsack oder mit einem wassergefüllten Plastiksack beschweren.

«Mhm, das Bokashi riecht fein.»

Das fertige Küchen-Bokashi zeigt immer noch die ursprünglichen Strukturen des organischen Materials. Nur die frische Farbe der Rüstabfälle hat sich in ein fahles Grau-Braun verwandelt. Manchmal bildet sich ein weisses Pilzgeflecht, das sich netzartig ausbreitet. Diese Pilzfäden sind ein erwünschtes Zeichen für gute Umsetzung.

Qualitätsprüfung: Gutes Bokashi riecht süss-säuerlich, auch der Sickersaft. Wenn es faulig stinkt, ist Sauerstoff am Werk gewesen, der Fermentierungsprozess konnte nicht richtig ablaufen. In diesem Falle sollte das Bokashi kompostiert werden.

Der Foliensack muss lichtundurchlässig und luftdicht verschlossen werden.

Fertiges Bokashi lagern

Wenn sich mehr Bokashi angesammelt hat, als gebraucht wird, kann man es bei Kellertemperatur (7 bis 12 °C) bis zu einem Jahr lagern.

Lagerung im Sack: Einen luftdichten, stabilen Foliensack gut verschlossen auf den Kopf stellen, damit die Verschlussstelle satt auf dem Boden sitzt und keine Luft eintreten, aber Sickersaft auströpfeln kann. Die Mikroben gehen in Ruheform.

Lagerung in der Erdmiete*: An einem schattigen Platz Bokashi und Erde jeweils 15 Zentimeter hoch im Wechsel aufschichten und festtreten (verdichten). Mit stabiler, lichtundurchlässiger Folie vor Nässe, UV-Bestrahlung und Luftzufuhr schützen. Die Abdeckung ringsherum mit Steinen beschwert am Boden verankern.

Tipp: Schwarze Folie mit einem hellen Vlies vor Sonnenhitze schützen.

Bokashi ansetzen

Jede Schicht frischer Gemüse-Abfälle 10 bis 15 cm hoch einfüllen, mit EML benetzen. Durch die Mikroben-Mixtur kommt die Fermentierung in Gang.

Nach EM-Benetzung etwas EM+U drüberstreuen. **Tipp:** Statt EML und EM+U kann ein Futter- oder Düngebokashi oder Pflanzenkohlestreu «ausgesät» werden. Das mindert die Sickerflüssigkeits-Menge.

Gemüseabfall-Schicht zusammen stauchen, damit alle Luft herausgepresst wird.

Bei manchen Eimermodellen wird ein praktisches Stauchbrett mitgeliefert.

Einen sandgefüllten Folienbeutel oben auflegen. Den Sand zum Gefässrand hin ausstreichen. Er muss gut abdichten.

Tipp: Statt einen Sandsack einen Folienbeutel (5-l-Saftbags) mit Wasser füllen. Das Wasser fliesst von allein in alle Ecken.

Den Deckel nach jeder Füllung aufsetzen. Den Eimer an einen gleichmässig temperierten Platz stellen, ohne pralle Sonne.

Sickersaft spätestens alle zwei Tage ablassen. Bleibt er länger im Eimer, beginnt er zu stinken.

Bokashi, mit Erde vermischt, kann auch im Garten auf einem Beet als Erdwalm aufgesetzt werden.

Lagerung in der Grube: Ein Loch von 30 bis 60 cm Breite und Tiefe ausheben. Bokashi einfüllen. Pro Schicht (10 cm) eine Schaufel Erde drüber verteilen und wie Sauerkraut einstampfen. Dieses Depot ist bereits nach 6 Wochen vererdet.

Der tiefe pH-Wert (unter 4) von Bokashi wirkt sehr aggressiv, wenn direkt ins frisch fermentierte Material gepflanzt wird. Die Wurzeln würden verätzen, die Blätter verbrennen. Aber nach 2 Wochen im Boden ist Bokashi bereits neutralisiert (pH-Wert um 7) und schon ziemlich zu Erde umgewandelt und «verdaulicher». Nach insgesamt 3 bis 4 Wochen finden wir dunkle, fruchtbare Erde vor, die fein nach Waldboden duftet und eine stabile Krümelstruktur aufweist.

❷ Bokashi aus Gartenabfällen

Im Sommer ist es der Rasenschnitt, im Herbst fallen bei der Ernte grosse Mengen an Kohlkopf-Hüllblättern, Sellerie- und Karottenkraut, Überreste von Bohnenranken, Chicoréeblättern und erdigen Wurzelstrünken an. Im Winter kommt noch der Strauch- und Baumschnitt sowie Laub dazu. Das ist Biomasse, die dem Boden viele wertvolle Substanzen entzogen hat und von denen wir einen Teil – mit EM aufgewertet – der Erde wieder zuführen.
Die Bokashierung ist in der warmen Jahreszeit spätestens nach 2 Monaten abgeschlossen, also vererdet und fertig als Nährstoffgaben für die Beetvorbereitung zu verwenden. Im Winter verläuft der Wandlungsprozess langsamer und kann bis zum Frühjahr dauern.

Je kleiner die Pflanzenteile (auch angeritzt oder zerquetscht) sind, umso besser können die Mikroorganismen in das Material eindringen und den Umwesungsprozess beschleunigen.

Eine bokashierte Kartoffel zeigt keinerlei Fäulnis.

Tonnenbokashi eignet sich für den grösseren Haushalt. Die Tonne muss mit Ablasshahn, Rost und luftdicht schliessendem Deckel ausgestattet sein (wie der kleine Bokashi-Eimer).
Variante: statt mit flüssigem EM mit Futter- oder Düngebokashi überstreuen. Wichtig ist, dass die Luft im lockeren Füllgut nach der Einschichtung ausgepresst wird und nicht wieder einfliessen kann.
Ein Flaschenzug erleichtert die Befüllung: Weil bei der grossen Tonne ein Sandsack als Abdeckung zu schwer wird und nicht mehr einfach aus dem Behälter herausgeholt werden kann, ist der selbst gebastelte Flaschenzug eine gewitzte Idee.
Tipp: statt Sandbeschwerung einen passend zugeschnittenen Holzdeckel mit einzelnen Steinen beschweren.

Bokashi-Herstellung für grössere Gemüse-Abfallmengen

Bei grossen Mengen Rüstabfall eignet sich die grosse Tonne (100 l). Mit dem Flaschenzug den Sandsack heben. Der Sandsack besteht aus einer kleinen Plane, die mit 15 bis 20 Liter Sand gefüllt wird.

Futterbokashi über jede Schicht streuen. Das Füllgut feststampfen. Praktisch: ein Abziehbrett aus Holz mit einem Griff (wie es der Gipser braucht).

Sandsack per Flaschenzug hinunterlassen: Zwei Umlenkrollen reduzieren die Last auf ein handliches Mass. So lässt sich der Sandsack leicht heben und absenken.

Die Zipfelösen der quadratischen Plane vom Flaschenzughaken lösen, die Plane ausbreiten, den Sand bis an die Tonnenwand ausstreichen.

Als Deckel eine stabile Folie verwenden. Die Folie über den Randwulst mit einem Fahrradschlauch oder einem Seil mit Spannfeder luftdicht abbinden.

Wichtig ist auch hier der Abflusshahn am unteren Tonnenrand zur Entnahme der Sickerflüssigkeit. Dieser Bokashisaft ist hochwertiger Flüssigdünger.

Sackbokashi: Zu bokashierendes Material in Säcke aus dicker, luftdichter Silagefolie in Schichten (10 bis 15 cm hoch) einfüllen. Jede Schicht mit Futter- oder Düngebokashi überstreuen. Den vollen Sack zubinden und kopfüber aufbewahren oder aufhängen. Wenn sich noch etwas Sickerflüssigkeit bilden sollte, kann sie ungehindert aus dem Verschluss tröpfeln oder abgelassen werden. Dieser Sackbokashi ist besonders handlich, weil er ohne Schubkarre und Umschaufelei ausgebracht werden kann.

Kompost ist fertige Erde. Der Umbauprozess des organischen Materials in Pflanzennahrung ist abgeschlossen. Das Kleinstlebewesen wurde durch die heisse Rotte und durch Fäulnis (Leichengifte) weitgehend eliminiert. Im Boden muss dieses «verbrannte» und entleerte Material neu belebt werden.

Bokashi ist noch nicht fertig umgewandeltes Material, voller Kleinstlebewesen, dass sich bereits bei der Fermentierung gegenseitig fördert und vermehrt. Im Boden geht die Umwandlung «vor Ort» voller Lebendigkeit und ohne Unterbruch weiter. Vererdet steht der Pflanzenwelt sofort eine verträgliche Nahrung zur Verfügung.

Sackbokashi: Säcke zur Lagerung auf den Kopf stellen.

Den angewelkten Rasenschnitt in dem stabilen Foliensack einschichten.

Rasenschnitt ist sehr schnell fermentiert. In der linken Hand angetrocknetes Gras. In der rechten Hand fertiges Rasenschnittbokashi.

Grubenbokashi: Ernteabfälle mit EM-Zusatz vererden im Sommer innerhalb 6 Wochen.

Rasenschnittbokashi: Fällt beim Rasenmähen zuviel Grasschnitt an, kann er im Sack wie eine Futtersilage fermentiert werden. Es läuft der gleiche Vorgang wie bei der Silierung in der Landwirtschaft ab, aber im Miniformat: Nach dem Mähen das kurzhalmige Gras anwelken lassen, dann mit EML übersprühen. Schicht um Schicht in den Sack einfüllen und zusammenpressen.

Tipp: Gras enthält viel Feuchtigkeit und verliert bei der Fermentierung kraftvollen Sickersaft. Deshalb jede Schicht mit Futterbokashi überstreuen, statt noch mehr Feuchte durch EML einzubringen.

Rasenschnittbokashi ist eine Kraftbombe, weil es viel Stickstoff enthält. Dieses Bokashi mit Erde oder mit Kompost vermischen, weil es pur angewendet zu nährstoffreich wäre.

Laubbokashi mit Rasenschnitt aufwerten: Herbstlaub hat keinen hohen Nährwert mehr und enthält Gerbstoffe (vor allem Eichen- und Walnusslaub), die das Pflanzenwachstum bremsen. Im EM-Fermentationsprozess wird die Gerbsäure in pflanzenverträgliche Substanzen umgewandelt. Der Holzanteil (Kohlenstoff) ist reichlich vorhanden und stabilisiert die Humusstruktur des Bodens. Aber es fehlt an Stickstoff. Da ist der Rasenschnitt mit hohem Stickstoffanteil willkommen: Pro 100 l Material

60 ml EM oder EMa
60 ml ZRM ▶ Melasse in 1 l heissem Wasser einrühren, 2 l kaltes Wasser + EM dazugeben

ca. 2 Kar. Falllaub
ca. 1 Kar. angewelkten Rasenschnitt ▶ trocken vormischen

200 g EM+U zugeben und nochmals alles gut durchmischen.

Mit der vorbereiteten EM-Melasselösung die trockenen Materialien anfeuchten. Das geht am besten, wenn einer schaufelt, während ein anderer mit EM übersprüht. Das Bokashi darf nicht zu nass werden. In eine Tonne mit Ablasshahn fest und dicht einstampfen.

Die Bokashi-Miete* ist eine gute Alternative zum Komposthaufen: Sie bietet sich an, wenn Grasschnitt mit gehäckseltem Strauchschnitt gemischt wird und/oder gejätete Beikräuter mit erdigen Wurzelballen anfallen. Das bringt den Wandlungsprozess schnell in Gang, weil die Effektiven Mikroorganismen im Erdmilieu rasch an die Umwesungsarbeit gehen. Auch beim Aufsetzen der Miete Schicht um Schicht mit EM+U überstäuben und mit EML übersprühen oder mit Futter- oder Düngebokashi überstreuen.

Bokashimiete: Gejätetes, an dem noch Erde in den Wurzeln hängt, ergibt fantastisches Bokashi.

Das Beikraut mit EM+U überpudern und mit EML übersprühen oder mit einem Futterbokashi überstreuen.

Alles gut festtreten und mit einer Folie oder mit einer Erdeschicht bedecken.

Schon nach 8 Wochen ist alles zu guter Erde umgewandelt, nur die groben Teile sind noch zu erkennen.

Der Haufen darf nicht zu nass sein und muss bei jeder Schichtung festgetreten oder verdichtet werden. Mit Folie luftdicht abschliessen. Dazu Folienränder in die Erde eingraben oder ringsum mit Steinen beschweren.

Tipp: Grasschnitt hat sehr viel Feuchtigkeit. Darum erst anwelken lassen und dann mit anderen, trockeneren Materialen mischen. Unliebsames wie Beikrautsamen und -wurzeln können bedenkenlos mitfermentiert werden.

Grubenbokashi: Je nach anfallender Materialmenge eine entsprechende Fläche abstecken und 50 cm tief ausheben. Das zu bokashierende Gut einschichten und mit EM – wie vorher beschrieben – behandeln. Jede Schicht mit einer dünnen Erdkrume (vom Aushub) bedecken und festklopfen, -treten oder -stampfen. Zum Schluss das Ganze mit der restlichen Aushuberde dick überdecken und mit Folie abdichten, damit es Tiere nicht wieder ausbuddeln.

Bokashi-Winterpackung auf dem Beet ist eine wunderbare Bodenvorbereitung für den Frühling: Die abgeernteten Beete im Herbst vorab mit EML übersprühen, damit auch die Bodenoberfläche mit Effektiven Mikroorganismen besetzt wird und Schnecken oder Fäulnispilze keinen Ansatzpunkt für ihre Art der Bearbeitung vorfinden. Dann erst Ernterückstände direkt als Schicht auf dem Beet verteilen. Sie übergeben bis zum Frühjahr mit Hilfe der Effektiven Mikroorganismen ihre Nährstoffe an den Boden ab. Mit EM+U überstäuben und EML übersprühen. Alles gut festklopfen. Eine Decke aus Mist (15 cm) schliesst das Bokashi-Material ab. Im Frühling hat sich alles zu einer feinkrümeligen, nährstoffreichen Erde verwandelt.

Winterpackung: Beet für Beet mit EML überbrausen, mit Ernteabfällen abdecken. Harte Teile wie Wurzelstrünke vorher zerkleinern.

Die Mulchschicht gründlich mit EML benetzen, dem etwas EM+U zugegeben wurde. Praktisch ist die Rückenspritze.

EM-Rossmist (oder ein anderer Mist oder Gartenerde) auf die Gemüseabfälle verteilen. Mist ohne EM-Behandlung mit EML übersprühen.

Angerotteter Mist aus Tier-Haltung mit EM-Pflege muss nicht mehr zusätzlich überbraust werden. Die Mikroorganismen haben ja spätestens auf dem verdichteten Misthaufen mit ihrer Umwesungsarbeit begonnen. Wer keinen EM-geimpften Mist hat, kann die Mulchschicht auf dem Beet mit einer Mischung aus Erde und gutem Mist (Bio-Stroh, ohne Halmverkürzung und ohne Pestizidrückstände) aufsetzen und abschliessend nochmals mit EM einsprühen.

Der Zusatz von Pflanzenkohlestreu bietet den Mikroorganismen im Bokashi eine dauerhafte Wohnstatt an.

Pflanzenkohle für alle Bokashiarten

Im Handel gibt es verschiedene Pflanzenkohleprodukte:

- Pflanzenkohlegriess ist reine Pflanzenkohle ohne Zusätze
- Pflanzenkohle-Streu enthält EM und Gesteinsmehl
- Terra Preta-Bokashi ist organisches Material, mit EM und Pflanzenkohle fermentiert.

Wer sich sein Terra Preta-Bokashi selber herstellt, kann in das organische Sammelgut ausser der EM-Zugabe noch 10 % Pflanzenkohlegriess mit einmischen. Diese Fermentierung sorgt für ein trockenes Bokashi ohne Sickersaft, weil der Kohlenanteil viel Flüssigkeit aufsaugt. Wird dem Fermentierungsmaterial ein Terra Preta-Produkt zugemischt, fällt die EM-Beigabe weg.

Pflanzenkohle als Ergänzung zu allen Bokashi-Arten ist eine wunderbare Möglichkeit, den Humusanteil im Boden zu stabilisieren und eine nachhaltige Fruchtbarkeit zu fördern (mehr dazu auf Seite 37).

Zum Giessen ist das Dosiergerät «Aquamix» sehr praktisch.

Bokashi für bestehende Anpflanzungen: Es wird in Form von Pellets im Handel angeboten. Es muss keine Wartezeit eingehalten werden, weil dieses Düngebokashi bereits neutralisiert ist. Die Pellets werden zwischen die Pflanzen (Staudenbeete, Sträucher) auf den Boden ausgestreut und müssen nicht in den Boden eingearbeitet werden:

- 30 bis 50 g pro m^2, ein- bis zweimal pro Jahr bei mehr als 10 °C ausstreuen.

Sickersaft im Dosiergerät ausbringen

Der Aquamix ist für die Anwendung auf kleineren Flächen wie der Garten ein ideales Gerät, um Nährstoffe mit dem Giesswasser gleichmässig zu verteilen. Die Dosierung ist auf eine 1%ige EML eingestellt (pro Behälter 1 l EM oder EMa). Sickersäfte haben aber eine höhere Nährstoffkonzentration. Deshalb den Sickersaft mit gleicher Menge Wasser (1:1)verdünnen.

Zauberformel «Terra Preta + EM»

Kohle ist als Filtermaterial bekannt, weil sie mit ihrer porösen Struktur viele Stoffe aufnehmen kann, ohne sich selbst zu verändern. Diese Fähigkeit nutzten auch die Indios des Amazonasgebietes. Sie mischten die Restkohle aus den Herdfeuern in die organischen Abfälle ein, die dann fermentiert wurden. Diese Kombination führte zu einer stabilen, belebten Humusschicht, die bis heute ihre Fruchtbarkeit behielt. Die Erkenntnis daraus wurde zur Zauberformel von Terra Preta* + EM. Sie ist in der Lage, den fortlaufenden Humusschwund zu stoppen, denn Bokashi, mit Pflanzenkohle angereichert, ist für erschöpfte Anbauflächen ein Garant für neue, unvergleichliche Fruchtbarkeit.

Das Ergebnis eines guten Bodens: Gesteinsmehl, Bokashi aus EM-Schafmist und EM-Stallstreu liefern «haushohe» Kraft. Mit der Zugabe von Pflanzenkohle wären die Blumen noch grösser, die Stängel noch dicker.

Gutes Nutzholz zu verkohlen macht keinen Sinn, wenn Pflanzenmaterial aus Grünabfuhr oder Stroh genau so gut verschwelt werden kann. Grosse Pyrolyse-Anlagen stellen daraus eine zertifizierte Pflanzenkohle her, die bei Temperaturen unter 600 °C hergestellt wird und noch viele wertvolle Mineralien der Pflanzen enthält. Die Abwärme aus diesen Anlagen wird wiederverwendet. Im Handel gibt es verschiedene Produktformen:

- Pflanzenkohlegriess ist reine Pflanzenkohle ohne Zusätze.
- Pflanzenkohlestreu enthält EM und Gesteinsmehl.
- Terra Preta-Bokashi ist organisches Material, das mit EM und 10 % Pflanzenkohle fermentiert wurde.
- Terra Preta (Schwarzerde) besteht zu einem hohen Anteil aus Mist biologischer Herkunft und guter Erde und wurde mit EM und Pflanzenkohle fermentiert.

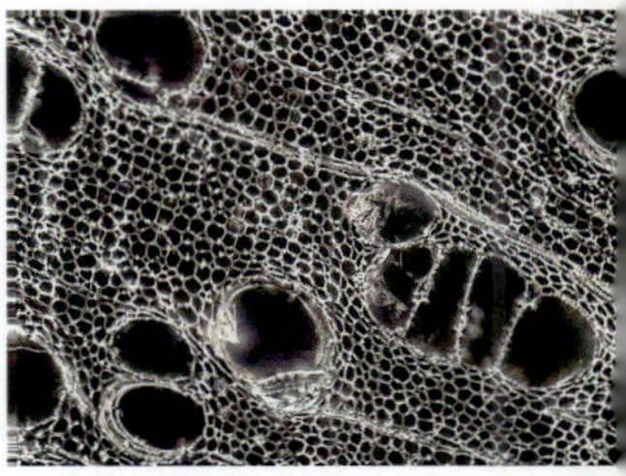

Pflanzenkohle hat eine Oberfläche von 300 m²/g. Sie nimmt die 5-fache Menge Wasser ihres Eigengewichtes auf. Sie enthält Mineralien* wie K, Mg, Ca, P.

Hinweis: Kohlenreste aus dem eigenen Holzherd oder Kamin (Cheminée) sind grob und schwierig zu pulverisieren. Sie haben nicht die gleichen Qualitäten und Speicherkapazitäten wie zertifizierte Pflanzenkohle und enttäuschen.

Aus guter Erde, Mist und Pflanzenkohlestreu entsteht fruchtbarste Erde. Durch die Fermentierung wird die Pflanzenkohle mit Nährstoffen und Mikroben gesättigt.

Pflanzenkohlegriess (ohne Zusätze) auf Beete ausgestreut, entnimmt dem Boden zu viel Nährstoff. Deshalb immer eine Pflanzenkohle vor ihrem Einsatz mit EM und organischem Material sättigen (fermentieren).

Ergänzungen zu EM

Biplantol und Greengold wirken mit der Information wichtiger Grundelemente.

Die Effektiven Mikroorganismen bringen fantastische Ergebnisse, wenn sie mit anderen Energieträgern zusammen arbeiten können.

Biplantol und Greengold wirken auf feinstofflicher Basis mit der Information wichtiger Grundelemente und anderer Substanzen auf den Boden, auf das Pflanzenwachstum und alle lebenden Systeme aufbauend ein. Die mineralhaltigen Funktionsmittel und die Effektiven Mikroorganismen unterstützen und verstärken ihre Wirkung gegenseitig. Mit einer Menge von nur 10 bis 20 Tropfen pro Liter Wasser sind sie sehr sparsam im Verbrauch.

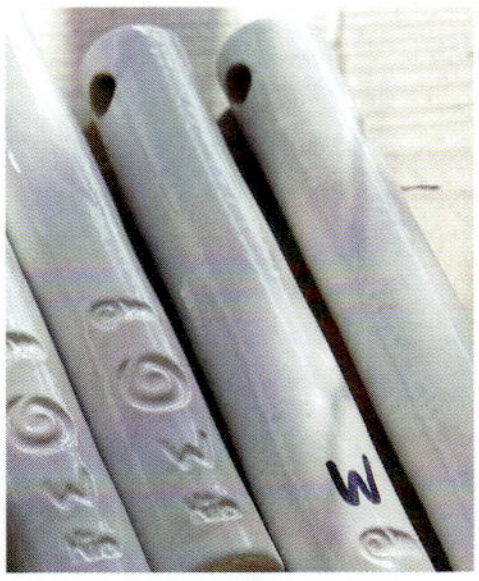

EM-Kin Keramik mit Lichtenergie unterstützt die Kräfte von EM.

EM-Kin Keramiken werden mit EM fermentiert und zusätzlich mit der Sonnenkraft «Kin» mit heilender Energie aufgeladen. Sie verstärken die antioxidativen Schwingungen der EM-Information.

Nourivit ist ein kalziumhaltiger Mineralstoffträger. Zu Pulver feinst zermahlen, ermöglicht es den Transport in Kombination mit Nourivit plus über die Spaltöffnungen in das Blatt. Es stärkt die im Blattgrün enthaltenen Chloroplasten und erhöht damit die Photosynthese- und damit die Wuchsleistung enorm.

Das flüssige Nourivit plus ist ein weiterentwickeltes EMa, das übers Blatt und den Boden gespritzt wird und dort seine fruchtbar machende Wirkung entfaltet. Es hilft, pathogene Keime zu unterbinden.

Nourivit und Nourivit plus ergänzen sich.

Gesteinsmehle wärmen und durchlüften den Boden mit EM-Anwendung besser. Die Umwandlung von organischen Stoffen in pflanzenverträgliche Nahrung geht schneller. Das Pflanzengewebe wird stabiler. In Teichen bindet es Algen und Trübstoffe. Es entwickeln sich keine Faulgase mehr.

ZeoBas ist eine Mischung aus Zeolith und Basalt. Es enthält 50 % mehr Siliziumdioxid als andere Gesteinsmehle.

Biolit ist ein Diabas. Das basisch-silikatische Urgestein hat – fein vermahlen – eine riesige Oberfläche.

Zu allen Produkten gibt es im Internet ausführliche Informationen.

Die Gesteinsmehle Zeobas und Biolit dienen den Effektiven Mikroorganismen auch als Ankerplatz.

Faszination der drei Wasseragregate: gasförmig aufgestiegen zur Wolke, im Niederschlag fest zu Eis erstarrt, geschmolzen wieder flüssig im Gewässer, von wo es wieder aufsteigt zur Wolke…

Wasser und EM

Wo Wasser ist, ist Bewegung, Wandlung und Entwicklung möglich.[1]

Die Erdoberfläche wie auch wir bestehen zu rund 70 % aus Wasser. Das Molekül H_2O hat aber noch kein Mensch wirklich gesehen. Es ist so klein, dass es selbst unter dem stärksten Elektronenmikroskop nicht sichtbar ist. So ist die Formel der Wasser-Sauerstoffverbindung bis heute eine Annahme. Die Fähigkeit, sich in vielen feinen Wirbeln zu drehen, ist ein Zeichen für die Lebendigkeit des Wassers. Es hat die Kraft, sich selbst zu reinigen, wenn es frei fliessen kann. In der Nähe von Wasserfällen spüren wir die ionisierte, reine Energie.

Wasser ist ein flüssiger Kristall, der sich erst in gefrorener Form als Schneeflocke zeigt: Keine gleicht der anderen. Sie sind die «Fingerabdrücke» des Wassers. Im Tautropfen ist reines Wasser voller Spannkraft. Artesische Quellen, die mit natürlichem Druck aus der Erde aufsteigen, speisen uns mit Energie. Dem hochgepumpten Wasser aus Mineralquellen fehlt diese Kraft.

Das Wasser merkt sich alles, mit dem es jemals in Berührung gekommen ist, über Resonanz (gleichartige Schwingung)[2].

[1] Zerluth/Gienger, 2004, S. 15
[2] Zerluth/Gienger, 2004, S.161

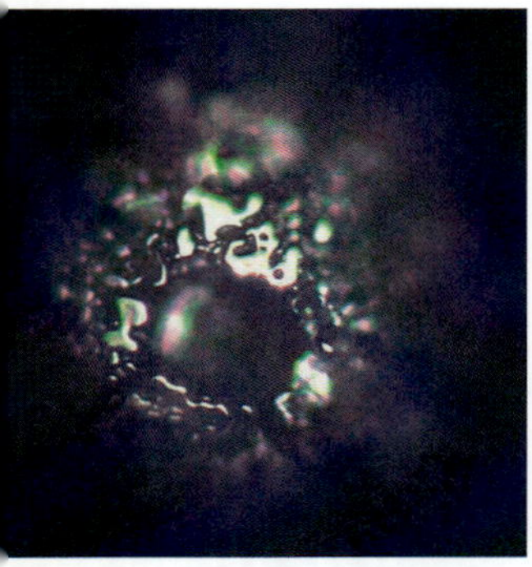

Destilliertes Wasser enthält keine Informationen und somit auch keine Struktur bildende Kräfte.

Wasser ist anormal und verhält sich anders als alle anderen Elemente. Es wechselt die Form, ohne seine Identität zu verlieren:

- es kann sich wie Gas in der Luft halten
- es erstarrt zu Eis, wird dicht und fest
- es fliesst, ist flüssig und kann Strukturen erweichen, diese öffnen oder stabilisieren
- der Gefrierpunkt liegt bei 0 °C. Die grösste Dichte hat das Wasser bei 4 °C. Kühlt es weiter ab, dehnt es sich wieder aus. Darum kann Eis Glas, Beton, Felsen oder Tongefässe sprengen.

Sein Siedepunkt liegt bei 100 °C (auf Meereshöhe). Wissenschaftlich gesehen müsste das Wasser aber schon bei 37 °C kochen.

Wasser ist Lebens-Mittler und der wichtigste Informationsträger überhaupt, denn wo Wasser ins Erdreich dringt, erwacht Leben. In Flaschen und Leitungen eingesperrt, wird es krank und schmeckt auch nicht mehr. Im erzwungenen geradlinigen Fluss und mit Zusätzen aus Wasseraufbereitungen besetzt, klumpen die Moleküle zu grossen Clustern* zusammen und können keine neuen Informationen mehr aufnehmen. Dabei stirbt das Wasser langsam so, wie ein eingesperrtes, wildes Tier im engen Käfig auch stirbt.

EM-Keramikpipes wandeln Leitungswasser in die Qualität eines Quellwassers um …

… und bildet wunderschöne Kristalle.[3]

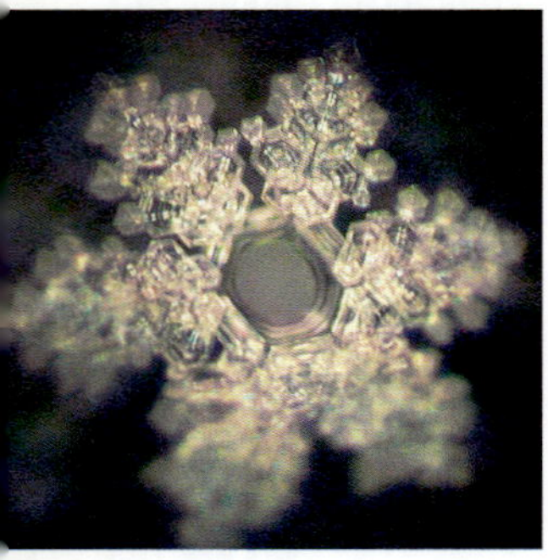

[3] Ernst Braun, www. Wasserkristall.ch

EM-Keramik sendet antioxidative Signale in verschmutztes Wasser über ihre magnetische Resonanzschwingung und befreit es von seinen Belastungen. Die groben Molekülhaufen (Cluster) werden aufgebrochen und in kleinere zerteilt. Das Wasser wird wieder dünnflüssiger und feiner strukturiert, bis es die Schwingungsqualität eines Quellwassers hat. Durch die neuen Informationen aus der EM-Keramik wird das gekippte Wasser wieder in ein Leben spendendes Medium umgepolt. Zusätzlich hinzugefügtes, flüssiges EM ist dabei eine grosse Unterstützung.

Destilliertes Wasser ist «reines Wasser» und kann neue «Nachrichten» aufnehmen, zum Beispiel durch eingelegte EM-Keramikpipes. Ihre Botschaft heisst: Leben aufbauen.

Dieser Effekt wird in der Wassersanierung genutzt. Grosse, tote Gewässer wurden neu belebt. Klärbecken bilden mit EM-Behandlung keine dicken, verkrusteten Deckel mehr. Es stinkt nicht, die Gülle kann bedenkenlos auf die Felder ausgebracht werden, denn es werden keine Regenwürmer und andere Kleinlebewesen mehr getötet, sondern in ihrer Arbeit unterstützt. Das Gras verbrennt nicht wie bei der üblichen Gülle.

Im EM-behandelten Wasser bekommen Zierfische wie Kois intensive Farben.

Zierfische in Teichen fühlen sich im EM-Wasser sehr wohl. Die Farben der Kois sind ausgeprägter und leuchtender. Andere Teichbewohner siedeln sich gern an und vermehren sich, auch seltene Arten, die auf sehr reine Wasserqualitäten angewiesen sind.

Es gibt fertige EM-Präparate für Wassersanierungen, mit einem erhöhten Photosyntheseanteil, weil diese Urbakterien in der Lage sind, selbst giftigste Stoffverbindungen zu lösen und in ihre ungiftigen Ausgangssubstanzen zu überführen.

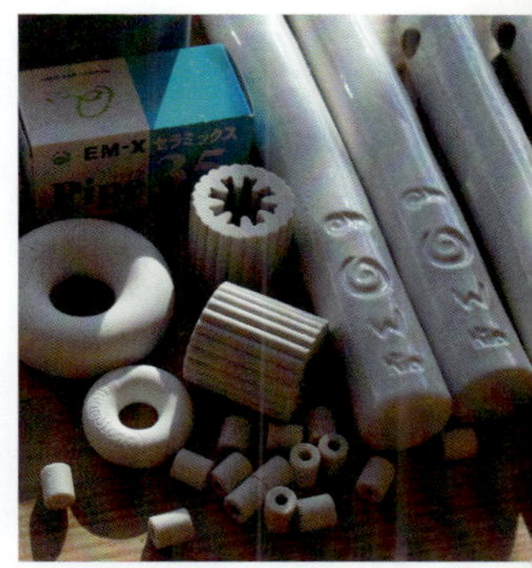

EM-Keramikformen für Wasserbehandlungen.

Allgemeine Teichpflege: Wasser ist ein Individuum wie alle Lebewesen. Keins gleicht in seiner Art dem anderen. In der EM-Behandlung können deshalb nur ungefähre Angaben als Richtlinien genannt werden.

Im Frühjahr schon ab 5 °C Wassertemperatur mit den ersten EM-Gaben beginnen, bevor das rege Teichleben beginnt. Die Mikroorganismen haben dann den Algen gegenüber einen Vorsprung und halten die Wucherung der grünen Masse im Zaum.

Tipp: Bei einer allerersten EM-Anwendung, und immer wenn es nötig ist, vor einer EM-Behandlung zuerst die Algen abfischen. Im Spätherbst Falllaub aus dem Wasser entfernen.

Vor EM-Behandlung erst alle Algen abfischen.

Der effektivste Startzeitpunkt für eine Wassersanierung mit EM ist der Herbst. Über die Winterzeit sind bei Wassertemperaturen über 5 °C die Mikroben schon am Werk, bevor Algen «wild» werden.

Bei Biotopen über 40 m²
Fläche pro 1 m³ Wasser
• 1 l EMa
• 2 kg ultrafeines Urgesteinsmehl (Zeobas, Biolit).
Im Frühling 1 x zusätzlich
• 1 kg EM-Keramikpulver.
Anzahl der Behandlungen siehe Tipp.

Biotope bis 40m² Fläche pro 1 m³ Wasser

- 1 l EMa
- 2 kg ultrafeines Urgesteinsmehl (ZeoBas, Biolit)
- 400 g EM-Keramikpulver.

Alles zusammen mit gleicher Menge Teichwasser verrühren. Hauptsächlich in den Uferbereichen und bei den Wasserpflanzen mit der Giesskanne (mit Brausekopf) ausgiessen. Das Wasser kann sich für kurze Zeit eintrüben und bis schokoladenbraun werden. Das ist ein gutes Zeichen für die Aktivität und Aufräumarbeit der Effektiven Mikroorganismen.

Tipp: Im 1. Jahr des EM-Einsatzes die Behandlungen alle 4 bis 6 Wochen insgesamt 4 bis 5 × wiederholen. Ab 2. Jahr 3 × und nur noch EMa und Gesteinsmehl verwenden.

In den Monatskalendern sind in der Rubrik «Blumen – Gehölze – Biotope» je nach Jahreszeit weitere spezielle EM-Einsätze im Wasser aufgeführt.

«Klare Verhältnisse» durch die Behandlung mit EMa, EM-Keramikpulver und Gesteinsmehl.

Pflanzen mit EM stärken

«Ethik besteht darin, dass ich mich verpflichtet fühle, allem Lebenden die gleiche Ehrfurcht entgegenzubringen wie dem eigenen Leben.» Albert Schweitzer

Eine EU-Verordnung vom Februar 2013 besagt, dass der Begriff Pflanzenschutz nur noch bei zugelassenen, industriell hergestellten Produkten verwendet werden darf. Hilfsmittel natürlichen Ursprungs dürfen nicht mehr als «Pflanzenschutzmittel» deklariert werden. Deshalb heisst dieses Kapitel «Pflanzenstärkung».

Viele kleine Helfer verhindern Massenauftritte unerwünschter Gäste. Sie werden durch Pflegespritzungen mit EM unterstützt.

Das Wort «Pflanzenschutz» besagt, dass Pflanzen geschützt werden sollen. Der Begriff wurde einst von den Bioanbauern als Ersatz für das Wort «Schädlingsbekämpfungsmittel» gewählt, denn sie wollen nichts bekämpfen, sondern schützen (wo Kampf ist, herrscht Gewalt). Unter diesem Aspekt wäre zu hinterfragen, warum wir mit Schaderreger ringen, anstatt zu überlegen, warum die überhaupt da sind und welchen Auftrag sie im Naturnetzwerk erfüllen.

Die hübschen Florfliegen sind Läusejäger...

Die Ursache eines Schadens sollte ergründet werden, anstatt mit «Medikamenten» nur das Symptom anzugehen.

... ihre Larven finden an Rosentrieben fette Beute.

Mit EM-Einsatz wird nicht getötet, sondern den Plagegeistern die Voraussetzung für ihre Lebensaufgaben entzogen. Was machen die «Aufräumarbeiter» unter diesen Bedingungen? Sie suchen sich einen für ihre Ansprüche «lebenswerteren» Ort.

Beobachtungen nach EM-Spritzungen:

- Keine Pilze wie Mehltau, Krautfäule, Rost, Monilia, Flugbrand an Getreidearten oder Schorf mehr. Sie treten nur auf, wenn es das Pflanzenmilieu zulässt.

Läuse im Mai sind nicht zu vermeiden. Es dauert nicht lange, sind auch die Marienkäfer da ...

... legen Eier ab ...

... aus denen nach wenigen Tagen gefrässige Larven das Läusevolk reduzieren.

Der Lederlaufkäfer knackt Schneckenhäuschen und schlürft den Inhalt genussvoll aus.

- Bei unerwünschten Ameisen bilden die Effektiven Mikroorganismen im Nahrungsvorrat der Ameisennester ein fremdes Zymogen*, das den Ameisen nicht schmeckt. Auch ihre Eier entwickeln sich nicht weiter. Die Ameisen verlegen daraufhin ihre Nester dorthin, wo sie geeignetere Bedingungen vorfinden.
- Feuerbrandbakterien werden beim Pollensammeln der Bienen verbreitet. Die Schaderreger können nicht über den Blütenschlund ins Obstgehölz eindringen, wenn der Platz bereits von den Effektiven Mikroorganismen durch EM-Spritzungen besetzt wurde.
- Fäulekrankheiten oder Virusbefall an Tomaten und Gurken verlieren ihre Schrecken, weil ihre Wirtspflanzen keine Schwachpunkte aufweisen, sehr stabil und gesund sind.
- Fliegenlarven verpuppen sich zwar, entwickeln sich aber nicht zum Vollinsekt, weil ihnen die dazu notwendigen Hormone aus einer fauligen Nahrung fehlen.
- Schädlinge wie Nematoden, Spinnmilben oder Weisse Fliege schlüpfen gar nicht erst aus ihren Eiablagen, weil für sie kein passendes Milieu vorliegt.
- Schnecken finden das energiestarke Pflanzenwachstum reizlos und bleiben bis auf wenige weg.

Doch Geduld – es funktioniert nicht immer auf Anhieb. Es kommt darauf an, wie der Zustand der Landflächen vor EM-Einsatz war. Aber nach zwei bis vier Jahren ist die EM-Wirkung in der Bodenaufbereitung, beim Giessen und Spritzen nachhaltig.

Spritzung mit EM

Bis eine Anbaufläche aus der Oxidanz in die Antioxidanz gelangt, werden alle Gesundheitsprobleme mit EM-Präparaten und in krassen Fällen zusätzlich mit biologischen Mitteln angegangen. Das Pflanzenlaub möglichst bei trübem Wetter am Abend oder frühen Morgen benetzen. Bei Sonnenschein gehen zu viele Mikroben durch UV-Bestrahlung ein, bevor sie wirken können. Empfindliches Blattwerk kann an sonnigen Tagen nach EM-Behandlung verbrennen. «Günstige Tage» (laut Mondkalender) unterstützen EM-Spritzungen in ihrer Wirkungskraft.

Bei Befallsdruck in der aktiven Wachstumsperiode jede Wochen EMa + EM5 + FPE spritzen: Bei anhaltend kühlem Wetter nur alle 4 Wochen, im Winter gar nicht, weil den Effektiven Mikroorganismen die «Brutwärme» zur raschen Vermehrung fehlt. Sie ruhen, bis die Temperaturen wieder steigen.

EM mit Netzmittel haftet besser: Damit eine EM-Spritzung nicht gleich wieder vom nächsten Regenguss abgewaschen wird, kann der Spritzbrühe etwas Geschirrspülmittel zugegeben werden (10 ml Mittel pro 1 l EM-Spritzbrühe).

Molkepulver gibt es in Reformhäusern oder in der Drogerie.

Zuckerrohrmelasse wäre ein sehr gutes Haftmittel (lockt bei Läusebefall aber Ameisen an). Molkepulver (möglichst in Bio-Qualität) hat sich als Zusatz bewährt. Es lässt sich bei Tomatenfrüchten leider nur schwer abwaschen. Die Kombination Nourivit mit Nourivit plus ist eine sehr wirkungsvolle Alternative. Sie dringt über die Spaltöffnungen ins Blatt ein. Deshalb auch die Blattunterseite besprühen.

EMa ist in vielen Fällen wirksam. Mit EM oder FPE und Zutaten wie Biolit ultrafein, ZeoBas oder Nourivit wird daraus ein Spritzmittel, das ein Pflanzenmilieu aus dem Abbau in den Aufbau lenken kann.
Zur Pflanzenstärkung vorbeugend: Pro 10 l Wasser

- 100 ml EMa + 10 ml EM5 1 × pro Woche.

Allgemeingültige Basisrezeptur für die Baum- und Pflanzenstärkung: Pro 10 l Wasser

- 1 l EMa + 20 ml EM5 + 20 ml FPE
- 20 g ultrafeines Gesteinsmehl wie Biolit ultrafein, Zeobas oder Nourivit
- 1 Teel. EM-Keramikpulver

Intensivbehandlung bei Befallsdruck, pro 10 l Wasser

- 1 l EMa + 10 ml EM5 +10 ml FPE
- 20 g Gesteinsmehl (Biolit ultrafein, ZeoBas oder Nourivit)
- 50 g Molkepulver
- 20 g EM-Keramikpulver .

Eine junge Weinbergschnecke auf Wanderschaft. Sie kann bis zu 30 Jahre alt werden und vergräbt ihre weissen, kugeligen Eier in Erdlöchern ab.

Wenn sich trotz Einsatz von EM-Pflanzenstärkungsmittel ein akuter Befall einstellt, der sofort behandelt werden sollte, helfen die im Handel erhältlichen biologischen Pflanzenschutzmittel und/oder Nützlinge weiter.

Die Grosse Egelschnecke wird 3 Jahre alt und bis zu 20 cm lang. Sie legt transparente Eier ab.

Gedanken zu Schnecken

Obwohl die Weichtiere seit Millionen von Jahren alles Organische aufräumen, was serbelt oder ausgedient hat und ihre Ausscheidungen wie Kot und Schleim hochwertiger Dünger sind, werden sie immer noch systematisch ausgemerzt.

Die Art einer Schneckenpopulation spiegelt den Zustand unseres Bodens. Er hat nicht mehr die Qualität wie noch vor 60 Jahren. Da

Schnirkelschnecken kriechen zum Schlafen hoch hinauf.

wurden pro Quadratmeter bis zu 1000 Exemplare der im Boden lebenden winzigen Häuschenschnecken gezählt.

Diese Nützlinge reichern die Erde mit Humus an. Durch die intensive Bodenbearbeitung gibt es fast keine mehr. Ihren Platz haben die gefrässigen Nacktschnecken eingenommen und sind zur Plage geworden. Selbst als winzige «Tauschnecken» (gerade dem Ei entschlüpft) rasieren sie mit ihren Raspelzungen alles Grün ab.

Zwei Arten stehen unter Naturschutz:

- die Weinbergschnecke als grösste heimische Häuschen-tragende Art kann bis zu 30 Jahre alt werden. Ja, sicher, sie lässt sich auch mal zartes Grün schmecken, wenn dieses Signale der Schwäche aussendet
- die Grosse Egelschnecke bevorzugt sterbendes Pflanzenmaterial, vor allem abgelegte Blütenblätter, Pilze im Totholz und die Eier der Spanischen Wegschnecke. Frischkost wird von ihr verschmäht.

Die Natur duldet nur kraftvolle Pflanzenbestäde, die gesunde Nachkommen garantieren.

Die Zugereisten: Die Klimaerwärmung hat uns ausser den Schnirkelschnecken (mit Häuschen) eine zähe Einwanderin beschert. Die Spanische Wegschnecke legt bei uns inzwischen statt 1 Eiablage nun 2 × 400 Eier pro Vegetationsperiode ab. Sie hat keine natürlichen Frassfeinde, weil ihr Schleim den heimischen Schneckenliebhabern zu bitter schmeckt. Mit diesem Schleim legt sie sich eine Gleitspur selbst über trockene grosse Asphaltstrassen:

- Eine Vorrichtung an ihrem After rollt die Gleitspur auf. Der Schleim wird von der Schnecke neu aufbereitet und vom Mundschlund als Polster vorweg wieder ausgelegt.

Mit dieser im trockenen Spanien erworbenen Strategie überwindet sie im Garten auch breite Sperren aus Holzschnitzel, Asche oder Split.

Spanische Wegschnecke: Am After ist die «Schleim- Aufrollvorrichtung» zu erkennen.

Die Gartenpflege mit Effektiven Mikroorganismen belebt den Boden, sodass auch die nützlichen, winzigen Häuschenschnecken wieder zunehmen, denn sie sind neben den Regenwürmern wichtige Humusproduzenten.

DER JAHRESKREIS MIT EM

Natur redet eine wunderbare Sprache. Karl Foerster

Böden mit EM sind fruchtbar

Gemüsegarten

Winterernte

Ausser grösserem Ertrag wird auch die innere Qualität der Ernte merkbar gesteigert. Das erhöht die Vitalität bei allem Lebendigen, bindet freie Radikale und führt zu einem gesunden Gleichgewicht in der Natur. Hier spielen die wunderbaren Kräfte der Schöpfung und dienen auf uneigennützige Art. Diesen Kräften zu danken, ist für Susanne alltäglicher Bestandteil ihrer Gedanken und sie zitiert oft den alten Bauernspruch: «An Gottes Segen ist alles gelegen.»

Effektive Mikroorganismen richten keinen Schaden an, wenn sie anfangs in doppelter bis vierfacher Menge angewendet werden, um das Bodenleben zu aktivieren. Es ist eine Frage des Zeitpunktes und der vorliegenden Bodenbeschaffenheit. Hier ist der Anwender gefordert, sich dazu selber Gedanken zu machen oder eine kompetente Beratung einzuholen. Weil Boden und Mikroben lebendige und sehr individuelle Organismen sind, gelten die aufgeführten Rezepturen als Richtschnur.

Tipp: Anfangs werden die Effektiven Mikroorganismen intensiv eingesetzt, bis sich die aus der Ordnung geratenen Verhältnisse ausbalanciert haben. Dann muss nur noch sporadisch – als Auffrischung – mit EM behandelt werden.

Seit Effektive Mikroorganismen auf dem Hof sind, geht Susanne den Ursachen für schief hängende Zustände auf den Grund, statt nur Symptome zu bekämpfen. Das wird im Buch immer wieder zu Wort kommen.

Obst und Beeren

Effektive Mikroorganismen sind die Trainer der bodenbürtigen Mikroben-Mannschaft. Sie «kicken» die Umsetzung an und sorgen für eine vollkommene Umwandlung von organischen Substanzen und Mineralien zu pflanzengerechter Kost. Alle «Arbeiter» im Boden brauchen auch für sich selber Futter zum Leben, das sie sich aus den vorhandenen organischen Pflanzensubstanzen holen. Sie stellen den Pflanzen aber ihre nahrhaften Ausscheidungen und ihre stickstoffreichen, ausgedienten Körper wieder zur Verfügung und erhöhen damit die Menge der Nährstoffe.

Der Mondzyklus und EM

Der Lauf des Mondes rund um den Globus nimmt starken Einfluss auf alles, was auf dem Planet Erde lebt. Mit seinem Zyklus bestimmt der Erdtrabant den Atemrhythmus der Erde – in Ebbe und Flut erleb- und sichtbar. Nach dem Mondkalender von Maria Thun sind die EM-Vermehrung und Anwendungen zu Pflanzzeiten besonders wirksam, also beim absteigenden Mond an lichtvollen Blütentagen und an Wärme spendenden Fruchttagen.

Ziergarten

Gartenfreude fürs ganze Jahr

Lassen wir uns auf das Abenteuer Garten ein, stehen Geduldsproben an erster Stelle. Nicht alles gelingt auf Anhieb, mancher Rückschlag muss hingenommen werden. Und der sollte Ansporn sein für die nächste Geduldsübung. Auch Susanne hat über viele Jahre Erfahrungen gesammelt, und wir können nun davon profitieren.

Der Jahreskreis ist als Kalender in seine 12 Monate aufgeteilt. Jeder Monat hat die Rubrik

- Gemüsegarten
- Obst und Beeren
- Blumen – Gehölze – Biotope
- Balkon- und Zimmerpflanzen
- Rezepte.

Balkon und Kübelpflanzen

Jede Jahreszeit hat ihre speziellen Anforderungen an uns. Sie werden im Zusammenhang mit EM-Anwendungen aufgeführt, gespickt mit vielen Tipps und Tricks aus Susannes Erfahrungsschatz. Das «Aktuell» soll Gedankenstütze für die jährlich wiederkehrenden Aktionen oder für weitere Gartenideen sein – nichts weiter. Von «Arbeit» ist hier nicht die Rede, eher vom Experimentieren und vom Erntestolz.

Rezepte

Die leeren Seiten am Schluss eines jeden Monats möchten dazu animieren, selbstgemachte Erfahrungen festzuhalten.

Wenn es ein wenig bewusster macht, dass die Scholle unseres Planeten unsere Lebensgrundlage ist, dann hat das Anliegen dieses Buches sein Ziel erreicht.

Im Garten von Susanne herrscht nur scheinbare Ruhe, denn im Boden geht die Mikrobenarbeit weiter.

«Im Winter wird durchgeblüht». Karl Foerster

JANUAR

Die Natur krempelt sich die Ärmel auf und wächst nach unten… hier unter der Erde wird das grosse Frühlingsprogramm entworfen. Karel Čapek

Zur Vogelmiere sagt Susanne «Unkraut», weil's das in «Un»-mengen gibt. Vogelmiere deckt den Boden gut ab und schmeckt fein in Smoothies oder Salaten.

Die ersten Blüten des Jahres starten ihren grossen Auftritt: Christrosen, Zaubernuss und Schneeheide sind schon da. Die Vogelmiere macht sich als Beikraut auf freien Gemüsebeeten nützlich, indem sie den Boden mit ihren kleinen Blättchen in grossen, grünen Flecken dicht bedeckt. Die Röschen des Rosenkohls legen an milden Tagen noch zu. Feldsalat wartet unter dem Schnee auf die Salatschüssel. Wer sagt denn, dass die Natur im Winter ruht?

Der beste Platz für unsere Nahrung

In vielen Hausgärten haben Blumen den Vorrang und so auch den besten und sonnigsten Platz. Das Gemüse findet sich oft in der hintersten Ecke des Grundstücks und führt ein Schattendasein. Aber hier kommt die Chlorophyllbildung für widerstandfähiges Gemüse nicht so zum Zuge. Folglich feiern Pilze Feste, räumen Schnecken das Gemüse auf, das «in ständiger Krisensituation» wegen des mangelnden Lichts eben nicht vollwertig heranwachsen kann.

Tipp: Wie wäre es, dem sonnigen Rasenplatz vorm Haus ein paar Gemüsebeete abzuringen? Warum also nicht das, was uns nährt, ins Blickfeld rücken, mit Blumen kombinieren oder das Stück Land wie im Bauerngarten mit Blumen umkränzen? Bei der Gartenarbeit sich an heranwachsender, vitalstoffreicher Ernte zu erfreuen, ist Bewusstseinsschulung für gesundes Essen.

Rosenkohl von unten nach oben abernten. Dann haben die oberen noch kleinen Röschen Zeit, nachzuwachsen.

Gründe für «Bio» –Samen

Konventionelles Saatgut wird auf Ertragsmasse, einheitlichen Wuchs und gleichzeitige Erntereife getrimmt. Das ist etwas für den Erwerbsanbau. Dieses Saatgut wird oft in Ländern wie Kenia (Afrika) oder China produziert. Dort ist das Wetter sicher und die Herstellung kostengünstiger. Der Samen dieser Herkunft hat aber weniger Widerstandskraft, weil er nicht auf unser Klima eingestellt ist. Für Marktqualitäten gibt es Vorschriften, die eingehalten werden müssen: Die Ware muss uniform aussehen und zu einem vorbestimmten Zeitpunkt geliefert werden. F1-Hybriden* eignen sich dazu am besten. Diese Zuchtsorten sind auf schnell wirkende Kunstdünger geeicht. Das sind für den Erwerbsgartenbau grosse Vorteile. Ein von der Industrie gewollter Nachteil: Folgegenerationen fallen nicht mehr samenecht* aus und lassen keinen Nachbau zu. Es muss jedes Jahr neues Saatgut erworben werden.

Alte, langjährig bewährte Gemüsesorten sind robust und vital. Sie kommen mit biologischer Anbauweise und organischer Düngung zurecht. Sie vertragen Wetterschwankungen besser, weil sich schon ihre Elterngenerationen den hiesigen Klimabedingungen angepasst haben. Diese Gemüse schmecken zudem aromatischer als solche, die auf Ertragsmenge hochgezüchtet wurden.

Tipp: Zwar wachsen alte Gemüsesorten nicht immer so gleichmässig heran, doch kommt das dem Familienhaushalt entgegen; denn mal braucht man z. B. grosse Salatköpfe, mal die kleinen. Es sind auch nicht alle Exemplare zugleich reif. Das ermöglicht eine gestaffelte Ernte ohne

Gemüse ins Blickfeld rücken und mit Blumen und Kräutern kombinieren.

Biosaatgut hat für den Familiengarten viele Vorteile. Eigene Samengewinnung und alte Sorten dienen der Biodiversität.

aufgeschossene Pflanzen. Liebhabersorten bleiben erhalten und unterstützen die Biodiversität durch Sortenvielfalt. Dazu bleibt man unabhängig vom Diktat der Grosskonzerne.

Die EU-Verordnung und Patentierung für Saatgut (Mai 2013) schränken die Arten- und Sortenvielfalt ein, weil sich nur grosse Saatgutzucht-Konzerne die Zulassungen für neue Sorten leisten können. Damit wird die Monopolisierung des Saatgutmarktes gefördert. Über 60 % dieses Saatgutes sind bereits patentiert. Die bäuerliche Samengewinnung und lokale Anpassungen werden nur ausnahmsweise akzeptiert. Landwirten droht eine Verwaltungsstrafe, wenn sie Saatgut von nicht zugelassenen Sorten weitergeben oder verschenken. Selbst der kleinste Nebenerwerbsbauer ist davon betroffen.
Die Verordnung gilt nicht für Privatpersonen.

Gemüse

Unter wärmendem Mulch sind die Mikroorganismen fleissig, bereiten Nährstoffe in pflanzenverträgliche Form auf, reichern den Boden (der Magen der Pflanze) durch ihre Stoffwechselprodukte mit sekundären Pflanzenstoffen an und geben dabei die «Arbeitswärme» an ihre Umgebung ab.
Und wir durchstöbern am warmen Ofen in gemütlicher Ecke den Stapel Gartenkataloge und bisher noch nicht gelesene Gartenmagazine. Oder wir planen mit Rückblick auf die vergangene Saison die Einteilung der Beete für die anstehende Gartenrunde. Lange vor sich hergeschobene Projekte kommen dieses Jahr ganz bestimmt dran, jawohl. Die Liste der guten Vorsätze ist gross, sowieso, wenn man als Gartenneuling das perfekte Paradies herbeisehnt.

Solange Bodenmikroben aktiv sind, geben sie Wärme ab wie in diesen Gemüsereihen, die mit Bokashi versorgt wurden. Hier schmilzt der Schnee zuerst.

Mit EM ist Mischkulturplanung einfach: Wir sind es gewohnt, dass Krankheitskeime aus vorgängigen Kulturen sich erst nach mehreren Vegetationsperioden abgebaut haben. Beim Anbau mit EM dagegen kommen pathogene Keime oder Bodenmüdigkeit* kaum noch vor. Unverträglichkeiten zwischen einzelnen Gemüsearten fallen nicht mehr ins Gewicht. Pflanzen mit kurzer Kulturdauer wie Radieschen, Rettich und Salate brauchen keinen Platzwechsel mehr. Das macht die Planung einfach und übersichtlich.

Tipp: Im Fruchtfolgeplan nur noch die Plätze für Hauptkulturen (mit mehr als 2 Monate Dauer) oder für Starkzehrende wie z.B. Kopf- und Rosenkohl berücksichtigen und neu einteilen. Auch Petersilie will weiterhin jedes Jahr an einen neuen Platz.

Effektive Mikroorganismen räumen laufend Stoffwechselgifte und Parasiten der Vorkultur ab und halten den Lebenskreislauf in der Erde in Schwung. Nach 2 bis 3 Jahren EM-Behandlung ist das Bodenleben soweit ausbalanciert, dass gleiche Gemüsearten mehrmals hintereinander und ohne Einbussen auf demselben Beet gedeihen, was schon erfolgreich ausprobiert wurde.

Die Mischkulturplanung ist durch EM-Einsatz viel einfacher geworden.

Gemüse im Winter – frisch vom Beet?

Wenn der Boden mit einer Schneedecke oder mit einer Mulchschicht bedeckt ist, übersteht EM-gepflegtes Herbstgemüse auf dem Beet trotz Minusgraden:

- Karotten und Bodenkohlrabi legen an warmen Wintertagen sogar an Gewicht zu
- selbst Wirsing und blauer Kohlrabi überstehen die Kälte.

Tipp: Mehrmaliges Einfrieren und wieder Auftauen macht dem Wurzelgemüse nichts aus. Durch den Einsatz von EM fault das Gemüse im Beet nach dem Auftauen nicht. Es bleibt knackig, wenn es zum Verzehr portionenweise – je nach Bedarf – «frisch vom Garten in den Topf» geholt wird.

Zuckerhutsalat 3 bis 5 cm über dem Boden abschneiden. Die Schnittfläche des Pflanzenstumpfes mit EMa-Lösung übersprühen, damit kein Pilz eindringen kann. Im Frühling treibt der Salat für einen 2. Schnitt aus der Mitte heraus nochmals durch.

Tipp: Das gleiche gilt für Lauch. Er schiebt nochmals nach, wenn 3 cm oberhalb des Wurzelansatzes abgeerntet wurde.

Vom Zuckerhut einen Stumpf stehen lassen. Er treibt für einen weiteren Schnitt bis zum Frühling aus seinem Herz wieder durch.

Gemüse im Einschlag: Sellerie, Rote Beete, Kopfkohl und Riesenkohlrabi sind kälteempfindlicher. Mit EM-Pflege herangewachsen ertragen sie Frosttage viel besser und können am geschützten Ort (z. B. unter einem Vordach) eingeschlagen werden. Sie bleiben bis weit in den Frühling hinein schmackhaft.

Tipp: Den Einschlag mit einem Vlies oder mit Tannenreis abdecken, um Katzen vom offenen Boden fernzuhalten.

Winterlager ohne grossen Aufwand: In der Erde unterm Vordach sind die kälteempfindlicheren Gemüse mit Vliesabdeckung bis zum Frühjahr gut aufgehoben

Gemüse unter Glas braucht Licht. Schwere Schneelasten abräumen.

Aktuell

AUSSAATEN

Für den Anbau im Gewächshaus: Ende Januar Auberginen, Kohlrabi, Paprika, Petersilie, Radieschen, Rettich, Kresse, Salate, Tomaten.

PFLEGEN

Gewächshaus, Frühbeetkästen: Schnee von Glasflächen räumen. Bei starkem Frost mit Matten decken, bei Sonnenschein kurz lüften. Pflanzen sparsam giessen.
Im Freien: Ackersalat und Spinat mit Vlies abdecken. Dann kann auch bei Schnee geerntet werden. Offenen Boden vor Katzen mit Vlies oder mit Reis vom ausgedienten Christbaum schützen.
Unter Glas: Bepflanzte Frühbeete und Gewächshäuser bei Frostgefahr zudecken, bei Sonnenschein lüften. Pflanzen sparsam giessen.
Im Lager: Einen weiteren Satz Chicorée und Löwenzahn antreiben. Eingelagerte Gemüse kontrollieren. Schadhaftes aussortieren.

ERNTEN

Im Freien: Grünkohl, Karotten, Lauch, Ackersalat, Pastinaken, Rosenkohl, Schwarzwurzeln, Topinambur, Zuckerhut.
Unter Glas: Ackersalat, Petersilie, Radieschen, Rukola, Schnittlauch, Winterspinat.
Im Keller: angetriebenen Chicorée, Löwenzahn.

Obst und Beeren

EM-Baumanstrich: Aus EM oder EMa, Molke- und EM-Keramikpulver eine dickflüssige Paste rühren und damit die Obstbaumstämmchen auf ihrer nach Osten zugewandten Seite einpinseln. EM-Baumanstrich gibt es auch als Fertigprodukt.

Für den Winterschnitt ist es noch zu früh, es sei denn, das Monatsende fällt sehr milde aus und schenkt uns mehrere frostfreie Tage hintereinander. Dann kann man mit dem Beeren- und Rebenschnitt beginnen.

Stützgerüste ausbessern: Pfähle von Spalier- und Niederstammobst jetzt ausbessern, weil weder Laub noch Knospen beschädigt werden.

Tipp: Die Stützpfähle am Übergang vom Boden nach oben überprüfen. Hier ist der «wunde» Punkt, denn da fault das Holz am ehesten. Vorbeugend mit EM oder EMa einstreichen.

Veredelungsstellen im Winter: Wird Kompost oder ein Mulch mit Bokashi-Anteilen in dicker Schicht auf die Baumscheibe von Obstgehölzen ausgebracht, kann es mit der Zeit dazu führen, dass die Veredelungsstelle unter der Nährdecke verschwindet. Als Folge könnte

Reifes Bokashi mindestens 15 cm vom Baumstamm entfernt auslegen und mit Erde abdecken.

Wenn wüchsige Obstbaumsorten zu stark zurückgeschnitten werden, bilden sich in der Krone viele Wassertriebe ohne Fruchtansatz.

sich an dieser empfindlichen Stelle des Baumes Fäulnis bilden.

Tipp: Darauf achten, dass die aufgebrachte Nährdecke mindestens 15 cm vom Stamm entfernt ausgelegt wird.

Obstlager kontrollieren: EM-Obst hält sich sehr gut. Fäulnis kommt kaum vor (aber Mäuse können Festmahle halten).

Tipp: An milden Tagen immer wieder lüften und Reifegase entlassen, die das Obst vorzeitig altern lassen würden.

Edelreiser schneiden: Wer keinen Platz für verschiedene Apfel- oder andere Obstsorten hat, aber doch mehr Abwechslung möchte, kann mehrere Sorten einer Art auf einen Stamm veredeln. Die Reiser dazu werden jetzt (in der Saftruhe) von gesunden und ertragreichen Bäumen der gewünschten Sorte geschnitten, mit EM+U eingestäubt, etikettiert und an einem schattigen Platz in feuchten Sand eingeschlagen.

Tipp: Die besten Edelreiser liefern Triebe, die sich im äusseren sonnenseitigen Kronenbereich befinden.

Die Stämme junger Bäume vor Frosteinwirkungen mit einem EM-Baumanstrich oder mit Schattenmatten schützen.

Obstlager auf Faulstellen kontrollieren.

Ein «Insektenhotel» muss kein Luxusbau sein. Mit EM behandelte Materialien garantieren eine ausgezeichnete «Wohnqualität».

Ein Insektenhotel bauen. Sich an langen Winterabenden an das sommerliche Gesumm der Insekten erinnern und diesen treuen, nützlichen Helfern ein schickes Hotel bauen: Das ist Vorfreude auf die kommende Gartensaison.

Aktuell

Mit EM-Baumanstrich oder einer Schattierung vor allem Stämme von Jungbäumen vor Frostrissen schützen.

Pfirsich vor Kräuselkrankheiten vorbeugend mit EM5 spritzen, denn der verursachende Pilz wird bereits bei 10 °C und feuchtem Wetter aktiv.

Blumen – Gehölze – Biotope

Unter der Mulchdecke aus dürren Staudenstängeln und Blättern geht es betriebsam weiter. Frühlingsblüher sind startbereit.

Neupflanzungen

In einem ausgemergelten Boden oder in Flächen nach einem Hausbau fehlt das intakte Bodenleben.

Tipp: Diese Erde eine bis zwei Vegetationsperioden vor der geplanten Pflanzung mit EMa-Gaben und Bokashi-Mist vorbereiten. Den noch nackten Boden mit einer Gründüngung ansäen oder Kartoffeln als Bereiter für eine feine Krümelstruktur pflanzen. So kommen Gehölze (auch Obst und Beeren) und Stauden in ein «Wohlfühlnest», das auch noch mit EM-Keramikpulver ausgekleidet wird. Die Anpflanzungen wachsen sofort zügig und ohne Wachstumsverzögerung ein.

Raureif und Schnee malen zauberhafte Bilder in den Garten.

Vor Neupflanzungen am besten schon beim Aushub die Erddeponie Schicht um Schicht mit EML besprühen.

Den Boden nach der Geländemodellierung mit einem Gründünger bedecken, bevor im Frühling gepflanzt wird.

Winterpflege von immergrünen Gehölzen: Auf Kirschlorbeersträuchern, Kugelformen oder Säulenformen von Buchs, Eibe oder Wacholder bleibt der Schnee als dicke Haube liegen und drückt oder bricht die Strauchform auseinander.

Tipp: Mit breitem Juteband umwickelt, bleiben die Grundformen erhalten.

Bambus und standfeste Gräser wie Chinaschilf (Miscanthus) oder das Gartensandrohr (Calamagrostis) neigen sich unter der Schneelast bis auf den Boden und liegen flach.

Tipp: Die elastischen Halme stehen bereitwillig wieder auf, wenn die grösste Schneelast abgeschüttelt wird.

Immergrüne haben in Frostperioden Durst, denn sie verdunsten viel Wasser über ihre Nadeln oder Blätter.

Tipp: Bei frostfreiem, «offenen» Boden mal wässern.

Aktuell

Schneelasten von den Sträuchern schütteln.

Vogelfutter ausstreuen.

Alte, braune Christrosenblätter entfernen, damit die Blüten besser hervorschauen können.

Die Stille des Gartens geniessen.

1 Sträucher von schwerem Schnee befreien, damit es keinen Bruch gibt.

2 Bambus und standfeste Gräser richten sich nach der Schneelast wieder auf.

3 Ein breites Juteband schützt vor Schneebruch.

In Nassbiotopen Binsenbüschel oder Holzscheite platzieren, damit das Wasser unter der Eisdecke belüftet wird.

Wenn Christbäume mit Wurzelballen die Feiertage gut überstanden haben, können die gestressten Bäumchen im Topf für ein weiteres Weihnachtsfest an einem Schattenplatz – in Erde eingefüttert – übersommern. Mit EML gegossen, erholen sie sich schnell.

Tipp: Wer den Christbaum in den Garten auspflanzen will, pflegt ihn im Topf draussen am geschützten Ort bis zum Frühling weiter und setzt ihn erst dann in die Erde. Das Pflanzloch mit EM+U auskleiden. Nach der Pflanzung mit EML angiessen.

Sonnenschutz für Immergrüne: Das Tannenreis von ausgedienten Christbäumen (ohne Wurzeln) kann Immergrüne vor Frostschäden bzw. vor Sonnenbrand schützen und so noch dem Garten dienen.

Tipp: Die Zweige auf der Morgenseite von Rhododendron und anderen Immergrünen als Auftauschutz über die Sträucher legen, damit die aufgehende Sonne an Frosttagen das Pflanzengewebe nicht zu schnell erwärmt, was zu Gewebeschäden führen kann.

Wasser im Garten: Die Natur hat es so eingerichtet, dass sich zwischen Eisdecke und Wasserstand ein Luftpolster bildet. Mit dieser Isolation hält sich die Temperatur des Wassers über 4 °C. Bei lang anhaltenden Frostperioden wächst die Eisdecke nach unten. Das Luftpolster und das Wasser werden dann knapp.

Tipp: Bei noch offenem Wasser einen Büschel von Stroh- oder Binsenhalmen oder Holzscheite einlegen, damit trotz Eisdecke Luft ins Wasser kommt und Fische, Frösche und anderes Kleingetier nicht unter Sauerstoffmangel leiden.

Zimmerpflanzen sind im Winter für eine EML-Dusche dankbar.

Balkon- und Zimmerpflanzen

Unsere grünen Mitbewohner leiden wie wir unter der trockenen Heizungsluft.

Tipp: Das Raumklima bessert sich sofort, wenn mit einem hellen EM (10 ml auf 1 l Wasser) gesprüht wird. Der EML kann ein Tropfen Duftöl zugesetzt werden. Es gibt auch sehr gute fertige Raumsprays mit feinen Duftnoten.

Einen Moringabaum aus Samen anziehen.

Moringa stammt ursprünglich aus Nordindien und ist als Wunderbaum bekannt geworden. Dort wächst sie selbst auf kargstem Boden. Das ist möglich, weil sie ihren Stickstoffbedarf über Knöllchenbakterien selber produziert. Als Kübelpflanze möchte Moringa eine eher magere Erde (Gartenerde mit Kakteensubstrat vermischt). Sie verträgt kurze Trockenzeiten. Erschlaffte Blätter stehen nach einem EML-Guss sofort wieder stramm. Die Pionierpflanze hilft der Bevölkerung in Asien, Afrika und Südamerika über Hungersnöte hinweg. Denn sie enthält unglaublich viele Lebensstoffe und leistet mit allen Pflanzenteilen von der Wurzel bis zur Blüte und dem Samen als Heil- und Nahrungspflanze grossartige Dienste[1].

Die Anzucht ist jederzeit möglich: Kerne 1 bis 2 Tage einweichen, danach mit EM+U ummanteln und in eine magere, leicht angefeuchtete Erde knapp 1 cm tief einlegen: pro Topf 3 bis 5 Samen. Am sonnigen und warmen Platz bei 22 bis 27 °C aufstellen. Die Keimlinge spriessen innerhalb von 14 Tagen.

Tipp: Moringawurzeln reagieren aufs Umpflanzen empfindlich. Die Sämlinge eines Topfes nicht auseinander reissen, sondern den gemeinsamen Wurzelballen in ein grösseres Gefäss umsetzen und mit EML angiessen. Die Blätter frisch in Salaten oder als Tee verwenden. Getrocknet als Pulver in Speisen einmischen (mehr dazu im Internet).

Moringa braucht Wärme. Unter 15 °C wirft sie ihre Blätter ab. Sie wartet mit dem Neuaustrieb, bis es für sie wieder angenehmer wird. Die langen Triebe immer wieder einkürzen, damit sich die Kübelpflanze gut verzweigt.

Weihnachtssterne fürs ganze Jahr. Poinsettien sind zur klassischen Wegwerfpflanze verkommen. Wenn sie jetzt bis auf 15 cm zurückgeschnitten werden, treiben sie wieder durch. Zu lange Triebe immer wieder einkürzen. Die Erde mit EML feucht halten und ab Frühjahr mit verdünntem Bokashi-Sickersaft oder einem organischen Volldünger giessen.

Tipp: Den Wundfluss der Schnittwunden mit EM+U betupfen oder mit einem Streichholz die austretende Milch abbrennen.

Bei Kübelpflanzen im Winterquartier dürres Laub und vertrocknete Triebe entfernen. Die Topfballen nur bei grosser Trockenheit sparsam giessen. Ab Ende Januar die bleichen, langen Neutriebe bis auf das erste ausgebildete Blattpaar einkürzen.

Tipp: Die Pflanzen immer wieder mal mit einer EML oder mit verdünntem EM5 übersprühen, um dem Befall von Läusen, Spinnmilben oder Pilzkrankheiten vorzubeugen.

Poinsettien bereiten nicht nur an Weihnachten Freude. Es gibt sie in vielen Pastelltönen, die das ganze Jahr zieren.

[1] Simonsohn, 2012, S. 33

Salate kommen vom EM-Beet ohne Lagerverlust frisch auf den Tisch.

Brot, mit EM gebacken, wird luftig, schmackhaft und ist lange haltbar.

Von Hand und mit Herz geknetet, geht der Teig besonders gut auf.

Rezepte

Susannes^CH Rote Beete-Salat (für 4 Personen)

Mit eigener Kräutersalzmischung, einem EM-Olivenöl aus Italien, Griechenland, Portugal oder aus der Provence und einem Apfelessig aus EM-Obst ist dieser Salat Power pur:

- 2 Rote Beete (Randen)
- 1 Apfel und 1 Hand voll Rosinen (Weinbeeren)
- 1 Teel. getrocknete Minze, fein zerrieben
- Kräutersalz, Pfeffer
- je 2 Essl. Olivenöl und Apfelessig.

Rote Beete schälen, fein raffeln, Apfel mit Schale raffeln. Rosinen waschen, abtropfen lassen, dazu geben. Salatsosse: Pfefferminze, Kräutersalz, Pfeffer, Öl und Essig zusammen sämig aufschlagen, in den Salat mischen und das ganze 30 min. ziehen lassen.

Susannes^CH Urdinkelbrot ist einfach zu backen und schmeckt

Hefe wird mit EM ergänzt. Das Brot braucht zum Aufgehen länger, dafür ist es bekömmlicher. Es schmeckt milder und aromatischer, wird schön locker, saftig und hält sich lange frisch. Es kann nach Belieben mit 2 Essl. Leinsamen, Sesam, Kürbis- oder Sonnenblumenkernen oder mit Nüssen variiert werden.

- 500 g Urdinkel, frisch gemahlen (feinster Mahlgrad oder schonend zentrofan* gemahlen)
- 5 g (1 Teel.) EM-Salz oder ein gutes Natursalz
- 10 g Hefe plus 2 Essl. EM oder EMa
- 1 Teel. Honig in ca. 350 ml lauwarmem Wasser auflösen
- 2 Essl. Kerne, Samen oder Nüsse

Backen: bei ungefähr 200 °C 45 bis 60 min.

Hefe im EM auflösen. Alle Zutaten zu einem eher flüssigen Teig verkneten, bis er schwer vom Löffel reisst (Konsistenz wie Rührteig). Eine bis zwei Stunden bei Zimmertemperatur gehen lassen. Bei grösseren Mehlmengen länger. Den aufgegangenen Teig in eine gefettete Kastenform (Cakeform) füllen und nochmals 1 Stunde gehen lassen, dann backen.

Gut zu wissen: Moderne Getreidesorten wurden u. a. auch auf einen höheren Anteil von Klebereiweiss (Gluten) gezüchtet, damit es auf den Fertigungsbändern in der industriellen Brotherstellung besser haftet. Dinkel wurde mit Weizen eingekreuzt. Urdinkel dagegen ist nicht züchterisch bearbeitet, enthält weniger Gluten und ist bekömmlicher. Das gleiche gilt für das Urgetreide Emmer.

Smoothie mit Moringa

Wer richtig isst, braucht keine Medizin.Wer falsch isst, dem nutzt keine Medizin. David Frawley

Power pur: Ein Smoothie mit Moringablattpulver und einem Schuss EM-Fermentationsgetränk tut sooo gut.

Warum kommt Moringa auf eine Januarrezeptseite? Weil diese Pflanze mit den ungeheuer reichhaltigen Lebensstoffen eine ungemein starke Kombination zu einem EM-Fermentationsgetränk ist, die uns gerade in den lichtarmen Monaten viel «Power» bringt. Wenn das Blattpulver von Bäumen kommt, die auch noch mit EM-Pflege gewachsen sind (wie im Moringagarden auf Teneriffa), weisen die Produkte daraus ein noch höheres Quantum an Vitalstoffen auf. Dieses Moringalaub wird direkt nach dem Schnitt unter 40 °C schonend getrocknet, damit keine Vitalstoffe verloren gehen. Die grasgrüne Farbe des Blattpulvers zeigt, dass das Chlorophyll erhalten blieb (mehr Infos im Internet).

Die Blüten der Moringa sind Zierde und Heilmittel: Ihr Saft oder Aufguss wird in Indien geschätzt.

Das Blattpulver kann in Salatsossen, Suppen, Müsli oder Smoothies eingemischt werden. Es braucht oft nur einen Teelöffel voll, um uns eine Tagesration an Wertstoffen natürlichem Ursprungs zuzuführen. In die ganz fein pürierten grünen Smoothies können ausser Moringablattpulver, Bananen, Äpfel und anderen Früchten auch noch ein paar Blätter Winterspinat, Feldsalat oder das wuchernde Beikraut «Vogelmiere» (Seite 50) aus dem Garten mit etwas Saft oder einem EM-Keramikwasser zugemixt werden. Etwas Kokosblütenzucker, Birkenzucker oder Honig runden den etwas herben Geschmack, der für manche Menschen gewöhnungsbedürftig ist. Die persönliche Geschmacksnote muss ausprobiert werden.

Es kann vorkommen, dass unser Körper schon nach kurzer Zeit eine tägliche Ration EM-Fermentationsgetränk und Moringa verlangt – nicht weil es süchtig macht – nein: Weil es so gut tut.

Tipp: Der Presssaft von Moringabättern, zusammen mit EML stabilisiert und nährt auch Pflanzen.

Alle Teile des schmucken Baumes werden genutzt, von der Wurzel über Blätter, Blüten bis zur Frucht.

Die Früchte enthalten Samen, aus denen das lange haltbare Behenöl gewonnen wird.

Notizen

Notizen

Vögel sind jetzt mehr denn je auf Fütterung angewiesen.

FEBRUAR

Es gibt eine Kraft aus der Ewigkeit, und diese Kraft ist grün.
Hildegard von Bingen

Am 2. Februar ist Lichtmess. Das Sonnenlicht nimmt an Kraft «messbar» zu. Vögel schauen sich bald nach Nistplätzen um. Aber vorläufig besuchen sie noch den Futterplatz. Die Frühlingszwiebelblüher durchbrechen mit ihren Blattspeeren den gefrorenen Boden. Frostfreie Tage werden bei Obst und Beeren für den Winterschnitt genutzt. Auf den Beeten im Gemüsegarten bereitet sich unter dem Mulch das Bodenleben auf eine neue Runde vor. Je mehr die Erde mit EM belebt wurde, desto kraftvoller ist der mikrobielle Kreislauf von Boden – Pflanze – Tier – Mensch, denn Mikroorganismen sorgen nicht nur für widerstandsfähige Pflanzen. Sie werden auch mit dem Pflanzenwachstum aufgenommen und gelangen in die Nahrungskette. Die Folge: Je gesünder die Mikrobenflora auf und in unseren Nahrungspflanzen ist, desto gesünder ist unsere Verdauung.

Schneequalitäten

Schnee hält den Boden warm. Das ist eine alte «Binsenwahrheit». Es ist aber nicht der Schnee an sich, sondern die Luft. Sie wirkt wie eine Isolation zwischen den Eiskristallen und schützt den Boden vor durchdringendem Frost. Es nutzt gar nichts, wenn wir es gut meinen und beim Wege freischippen Eisberge auf die Beete schaufeln, denn dieser Schnee hat sein Luftpolster verloren und schadet dem Boden eher. Unter der schweren und dichten Last kann die Erde nicht mehr richtig atmen. So kann es vorkommen, dass junges Grün trotz Schneedecke erfriert bzw. erstickt.

Schneepolster sind für die Pflanzenwelt ideale Wärmepelze, wenn sie nicht verdichtet wurden.

Gemüse

In Susannes Garten wird weiterhin die tägliche Gemüseration unter dem Schnee hervorgeholt und sogleich in der Küche verarbeitet. Im Einschlag unter dem schützenden Vordach am Haus lagern Rote Beete* und Sellerie. Der Herbstsatz Kohlrabi «Blauer Speck» hat auf dem Beet dem Frost bisher widerstanden. Auch Lauch und Karotten, Pastinaken, Rosen-, Palm- und Grünkohl warten dort auf den Suppentopf. Feldsalat und Zuckerhut liefern weiterhin Frischkost. Im Frühbeetkasten bildeten Endivien nach dem ersten Schnitt wieder neues Blattwerk und bieten sich zum 2. Schnitt an. Susannes Küchenplan bleibt weiterhin abwechslungsreich und energiegeladen, weil das Gemüse frisch vom Garten ohne Vitaminverluste auf den Teller kommt.

Susannes Winterernte für den Suppentopf.

Im EM-Garten ist das ganze Jahr Erntezeit.

Aktuell

AUSSAATEN

Unter Glas: Blumenkohl, Lauch, Weiss- und Rotkohl. Ende Februar frühe Kohlrabisorten, ausserdem Paprika, Tomaten, Kopfsalate, Kresse, Radieschen, Schnittsalat, Winterportulak. Saatgutreste vom Vorjahr mit Keimproben testen.

PFLEGEN

Unter Glas: Frühbeete und Gewächshäuser bei Sonnenschein lüften. Schneelasten von Glasflächen abräumen.

Im Freien: Ende des Monats EM-Bokashi in die oberste Krume der Gemüsebeete einarbeiten.

Gemüselager: Auf Fäulnis kontrollieren.

ERNTEN

Im Freien: Grünkohl, Lauch, Löffelkraut, Feldsalat, Pastinaken, Rosenkohl, Schwarzwurzeln, Topinambur, Winterportulak, Zuckerhut, letzter Wirsing.

Unter Glas: Kresse, Radieschen, Schnittlauch.

Im Keller: Chicorée und Löwenzahn.

Mit EM geht's auch ohne Fruchtfolgeplan

Im biologisch gepflegten Anbau ist der Boden belebt und voller gesunder Mikroben. Krankheitskeimen aus dem Vorjahr fehlt der faulige Nährboden. «Bodenmüdigkeit» wird zum Fremdwort. Susanne zerbricht sich deshalb nicht mehr den Kopf über Fruchtfolgen und komplizierte Mischkulturplanungen. Sie berücksichtigt lediglich gute und ungünstige Pflanzennachbarschaften.

Winterkost für den Regenwurm: der Mulch unterm Schnee.

Regenwürmer brauchen Gartenabfall

Ein blitzblank aufgeräumter Gemüsegarten ist nichts für den König der Unterwelt. Er hat riesigen Appetit und braucht einen üppig gedeckten Tisch aus organischen Abfällen, die er sich auch an milden Wintertagen in seine Gänge hereinzieht und vertilgt. Mulch bildet von sich aus keinen Humus mit stabiler Krümelstruktur. Erst durch den Verzehr absterbender Grünmasse wandelt der Regenwurm das Rohmaterial zu humusreicher Erde um, aus der sich mit der Zeit eine fruchtbare Bodenkrume entwickelt. Der rege Wurm und alle seine lichtscheuen Kollegen leisten dabei die Hauptarbeit. Unsere Bodenlockerung und Hackarbeiten sind nur «Kosmetik». Es ist immens wichtig, das Bodenleben zu schonen und zu fördern, wenn wir auf Dauer gute Ernten einfahren wollen.

Samen beizen: Die Vorfreude auf die Gartensaison ist gross. Die Samen sind eingekauft und warten auf die «Freilassung».
Tipp: Samentüten gleich nach dem Kauf öffnen und den Samen darin mit EM+U überstreuen. Bis zur Aussaat wird die magnetische Resonanzkraft des EM-Keramikpulvers auf das Saatgut übertragen und mit aufbauender Energie aufgeladen.

Grosse Rote Beete haben im Erdlager bereits ausgetrieben. Diese Jungtriebe als «Vitaminbombe» verwenden.

Saatkartofffeln vorkeimen: Ebenso werden Saatkartoffeln überpudert und für 4 bis 6 Wochen zur Vorkeimung in Kisten eingelegt. Dabei darauf achten, dass der «Po» nach unten und die «Augen» nach oben kommen. Der Platz sollte gleichmässig temperiert sein, eher kühl, aber nicht kalt. Zugluft vermeiden. Temperaturen zwischen 15 und 18 °C sind ideal.
Tipp: Am Licht aufgestellt, bleiben die Keime gedrungen. Im Dunkeln bilden sich lange Triebe, die beim Pflanzen leicht abbrechen.

Auch das ist möglich: Gefrorener Kohlrabi «Blauer Speck» vom Beet kurz antauen lassen, rüsten und garen.

«Null»-Erde aus Recycling-Material

Bei einer gedämpften Erde oder einem sterilen Aussaatsubstrat aus dem Handel dauert es einige Zeit, bis sich ein ausgeglichenes Mikrobenleben einstellt. Da haben auch Krankheitskeime Chancen, sich einzunisten. Wenn Balkonblumen im Kasten bis zum Herbst gesund waren, wird bei Susanne die nährstoffarm gewordene Erde nicht aus-

Aussaatvorbereitung mit «Null»-Erde

Als unterste Grobschicht (3 cm) die alte Erde aus den Balkonkästen mitsamt den Wurzeln zerbröseln.

Die trockene Erde mit EML einnässen.

Die eingenässte Erde durchmischen, damit das Wasser gleichmässig aufgesaugt wird.

Als Feinschicht mit «Null»-Erde z. B. mit einem Gemüsesieb 1 cm hoch übersieben.

Die Oberfläche «planieren» und gleichmässig andrücken (mit einem Abziehbrett aus Holz oder Metall).

Dieses vorbereitete Saatbett mit dem Sprayer nochmals sorgfältig mit EML durchfeuchten.

Aussaaten mit EM-Kermikpulver

Saatschalen in kleine Felder unterteilen. Pro Sektion die mit EM-Keramikpulver gebeizten Saatkörner aussäen.

Die Aussaat nochmals mit einem EM+U überstreuen.

Nur einen Hauch «Null»-Erde über die Saat sieben, nicht mehr angiessen: «Samen wollen nasse Füsse und trockene Köpfe».

Mit einer Glasscheibe, Folie oder transparenter Haube vor Austrocknung schützen und bei 18 bis 20° C aufstellen.

geleert, sondern aufgehoben. Das Substrat wird für Aussaaten verwendet, denn sobald diese «Null»-Erde angefeuchtet wird, beginnt das bisher ruhende, aber gesunde Bodenleben sofort wieder zu arbeiten. Bei soviel Lebendigkeit treffen Krankheitskeime kein für sie passendes Milieu an. Die Saat ist widerstandsfähig und keimt schneller.

Tipp: Aussaatschale mit Holzstäbchen in mehrere Sektionen einteilen. Pro Abteil eine Gemüsesorte aussäen.

Weil für eine Familie mit 4 Personen keine grossen Mengen an Gemüse nötig sind, möglichst immer nur soviel aussäen, wie pro Satz gebraucht wird.

Obst und Beeren

Der Februar ist die beste Zeit für den Winterschnitt. Später könnte bei milder Witterung schon der Saft steigen und an den Schnittwunden ausbluten. Dabei würde der Baum zuviel Kraft verlieren.

Ein Obstgehölz richtig zu schneiden, ist eine Kunst für sich. Es braucht viel Studium und Erfahrung. Im Biogarten Birnbaum werden die Obst-

Gehölzschnitt an frostfreien Tagen.

bäume nicht stark zurückgeschnitten, weil das Verhältnis der Wurzelzone zur Kronenbreite nicht mehr stimmen würde. Die Wurzeln würden über den Saftstrom zu viel Kraft in die Baumkrone schicken und eine übermässige Bildung von Wassertrieben anregen. Der sparsame Rückschnitt bringt in diesem Fall mehr Fruchtbehang. Anders sieht es bei schwach wachsenden Bäumen aus. Sie vergreisen eher. Hier bringt der starke Rückschnitt mehr Ertrag.

Heidelbeeren: Vergreiste Zweige bis zum Ansatz der Neutriebe zurückschneiden.

Das Schnittgut sollte möglichst nicht entsorgt, sondern als Asthaufen gelagert werden. Später geschreddert* und mit Gras vom sommerlichen Rasenschnitt vermischt und fermentiert, entsteht daraus ein lockeres Bokashi, das mit Sickersaft, Pflanzenkohlestreu und Gemüseabfällen noch aufgewertet werden kann.

Tipp: Schnittwunden mit einer EM-Paste bestreichen: EM+U mit EMa oder EM5 mit wenig Olivenöl zur Paste mischen und auf die grösseren Astwunden auftragen. Krankheitskeime können nicht eindringen. Den Auftrag für ein paar Tage mit etwas Folie schützen, damit die Paste nicht vom nächsten Regen abgewaschen wird.

Beerensträucher schneiden: Abgetragene und dürre Ruten bis auf den Grund herausschneiden. Einen Teil der neuen Triebe und zweijährige Zweige stehen lassen, weil diese Früchte tragen. Insgesamt nicht mehr als 8 bis 12 Haupttriebe pro Strauch stehen lassen.

Tipp: Die Knospen von Johannisbeeren sind süss und saftig. Amseln picken sie gerade dann gern ab, wenn die Beerensäfte steigen. Ein Vlies schützt vor Vogelfrass.

Vögel schauen sich bereits nach geeigneten Nistplätzen um. Spätestens jetzt die Nistkästen ausräumen und mit EML reinigen.

Nistkästen säubern: Solange es kalt ist, die Nestreste vom Vorjahr ausräumen. Bei Wärme Handschuhe anziehen, weil Flöhe schon aktiv sein können und dringend Blutspender brauchen. Die Kästen mit einer EML auswaschen. Die gefiederten Gartengäste bevorzugen aufgeräumte und «keimfreie» Wohnungen mit guter Ausstrahlung.

Tipp: Den Kasten vorsichtig öffnen, es könnten sich Wintergäste wie die Haselmaus oder der Siebenschläfer eingefunden haben. Die bitte nicht stören.

Februarblüten

Blumen – Gehölze – Biotope

Strauchschnitt einmal anders: Podeste für Nistplätze schneiden.

Lenzrosen (Helleborus orientale) sind Steh-auf-Männchen. Nach Frostnächten liegen sie flach am Boden, bei Sonnenschein stehen sie wieder stramm. Die Blütendolden vom Winterschneeball (Viburnum davidii) scheinen erfroren zu sein. Sie hängen wie kleine verschrumpelte Fruchtmumien an den Zweigen. Doch sobald die Sonne wärmt, schauen unter der braunen Blütenkruste neue, zarte Blütensternchen hervor. Das geht den ganzen Winter so weiter. Die Zaubernuss blüht schon seit Januar. Ihr scheint der Wechsel zwischen starrer Kälte und schmeichelnder Fühlingssonne nichts auszumachen. Schneeglöckchen klingeln unterm Gebüsch hervor.

◀ Hier fühlt sich das Rotkehlchen wohl.

▼ Den Nistkasten für den Zaunkönig ins dichte Geäst hängen.

Sträucherschnitt: Sommer- und Herbstblüher können jetzt in Form gebracht werden. Frühlingsblühende Ziersträucher erst nach der Blüte schneiden.

Tipp: Einen Nistplatz für Rotkehlchen und Zaunkönig anbieten. Sie bauen ihre Wohnstatt gern auf Astquirle im dichten Gezweig. Beim Rückschnitt die Zweige nicht bodeneben auslichten, sondern einige Jahre immer auf 70 bis 80 cm Höhe zurückschneiden, bis sich ein richtiges Podest gebildet hat, das weder von Katzen noch vom Marder erreicht werden kann.

Sträucher schneiden, wenn der Mond im Zeichen der Jungfrau steht.

Rosenpflege: Bodendeckende Rosensorten können bis auf 25 cm Höhe heruntergenommen werden. Sie bilden dann schöne «stockhafte» Büsche. Dabei alle vergreisten, abgestorbenen Triebe ganz entfernen. Rosen mögen es luftig und sind bei zu dichter Belaubung für Pilzkrankheiten wie Rost und Mehltau anfällig, weil die Blätter nicht schnell genug abtrocknen können. Darauf achten, dass die erste Knospe des geschnittenen Zweigs nach aussen zeigt, damit der neue Austrieb nicht in, sondern aus dem Strauch heraus wächst.

Tipp: Rosen brauchen viel Nahrung. Eine Packung aus bokashiertem und vererdetem Mist um den Strauch herum auslegen und mit etwas Mulch aus abgedorrten Staudenresten abdecken. Bei offenem Boden für grosse Rosensträucher eine Lanzendüngung vornehmen (Seite 143). Rosen sind Tiefwurzler, deshalb können die Bohrlöcher innerhalb der Kronentraufe liegen.

Balkon- und Zimmerpflanzen

Sollen Zimmer-, Balkon- und Kübelpflanzen über Jahre trotz engstem Wurzelraum vital bleiben und uns mit wohltuendem Grün beglücken, ist ein stattlicher Vorrat an Nährstoffen wichtig. Wenn das Wurzelwerk noch mit den Nährstoff-Aufbereitungsdiensten der

Mit EM-Pflege gedeihen Orchideen besonders gut. EM wurde ursprünglich mal für die Orchideenkultur entwickelt.

Erde: Marthas Powererde ist geballte Pflanzennahrung
1 kg Düngebokashi
400 g Gesteinsmehl
30 g EM-Keramikpulver.
Pro Laufmeter Kasten 2 Hände voll davon in die vorhandene Erde zumischen.

Effektiven Mikroorganismen unterstützt wird, danken es unsere Pflanzenmitbewohner mit gesundem Wuchs und leuchtenden Farben. Der Februar ist der ideale Zeitpunkt zum Ein- und Umtopfen.

Ganz gleich, ob es sich um Spezialerde für Zimmerpflanzen oder die Balkon- und Kübelerde für Blütenpflanzen handelt: Ein Zusatz mit Bokashi, EM Keramikpulver oder mit einer EM-Lösung hilft in jedem Fall, den vorhandenen Nährstoffvorrat für die Pflanzen durch die Aktivitäten der Effektiven Mikroorganismen besser aufzuschliessen. EM+U und Terra Preta-Streu verbessern die Krümelstruktur und erhöhen die Wasserspeicherkapazität der Pflanzerde.

Gesteinsmehl, EM-Keramikpulver, Düngebokashi und Pflanzenkohlestreu im Eimer vermengen, erst dann in die Erde einmischen.

Erdevorbereitung

Für Blumenerde bieten sich 3 Varianten an:

1. Gekaufte Erde: Für 100 Liter
- 2 Tasse EM+U und 5 l Pflanzenkohlestreu zusetzen und mit EML anfeuchten.

2. Eigene Erde herstellen: Für 100 Liter
- 50 l Gartenerde
- 30 l vererdetes Bokashi oder herkömmlicher Kompost
- 10 l Torfersatz (z. B. Kokosfaser)
- 5 l Terra Preta
- 1 Hand voll Hornspäne oder anderen organischen Dünger
- 150 ml EM+U

Vor Pflanzung die Wurzelballen mit EML anfeuchten.

3. Für besonders gehaltvolle Erde, speziell für die hungrigen Kübel- und Balkonpflanzen: Drei Wochen vor Pflanzung für 50 Liter eigener oder zugekaufter Erde noch
- 1,5 Liter fein gehäckseltes, reifes Küchen- oder Gartenbokashi oder gekauftes Düngebokashi zumischen oder Marthas Power-Erde zugeben.

Tipp: Mit einer Bokashi-Zugabe kann auch ein Teil gebrauchter Erde wieder zum nahrhaften Substrat aufgewertet werden.

In die Blumenerde einen Teil gebrauchte Erde vom Vorjahr mitverwenden und mit Bokashi «aufpeppen».

Wichtig ist, dass ein frisches, noch nicht neutralisiertes Bokashi 1 bis 2 Wochen Zeit hat, sich aus der für Pflanzenwurzeln ätzenden, sauren Phase in die milde, pflanzenverträgliche umzubauen.

Eintopfen

Wenn für die Vorbereitung keine 3 Wochen Zeit zur Verfügung steht, kann eine Bokashischicht im untersten Drittel des Erdvolumens als

▲ Tonscherbe über das Abzugsloch legen.

Höchste Zeit fürs Umtopfen. ▶

Grünlilie eintopfen: Im Topf zuunterst etwas Erde, dann Bokashi (helle Schicht), zum Schluss wieder Erde.

Vorratsspeicher eingelegt werden: Das Loch im Gefäss mit einer Tonscherbe abdecken, damit es nicht verstopft und das überschüssige Wasser gut abfliessen kann. Dann in Schichten einfüllen:

1. Schicht 1/5 der Gefässhöhe mit Erde
2. Schicht 1/5 Bokashi, mit etwas Erde vermischt
3. die restlichen 3/5 der Gefässhöhe wieder Erde und alles gut anfeuchten.

Beim Einpflanzen darauf achten, dass der Wurzelballen nicht direkt in die frische Bokashi-Schicht gelangt, sondern etwas Erde (3 bis 4 cm) dazwischen liegt. Die Wurzeln scheinen ein Signal zu bekommen, dass im Bokashi reiche Nahrung zu finden ist. Sie wachsen zielstrebig darauf zu.

Drei Wochen später: Die neuen Wurzeln fanden die Bokashischicht.

Rezepte

Keimlinge, Sprossen oder Grünkraut?

Worin unterscheiden sich diese drei Begriffe der vitaminreichen Gesundkost?

Der Keimling eines Samenkorns ist der «Embryo» einer Pflanze, mit der Vorstufe von Keimblättern und Wurzeln.

Sprossen sind die oberirdischen Pflanzenteile, also Stängel und Blättchen, möglichst ohne Wurzeln.

Grünkraut: Es kommen nur die oberirdischen Teile wie Stängel, Keimblättchen und die ersten pflanzentypischen Blätter (die folgenden nach den Keimblättchen) zum Verzehr auf den Tisch. Ein bekanntes Beispiel dafür ist die Kresse. Grünkraut enthält die meisten sekundären Pflanzenstoffe und Vitamine und ist wegen seines hohen Chlorophyllgehaltes für uns besonders wertvoll.

Grünes gegen Frühjahrsmüdigkeit: Keimlinge (links), Sprossen (Mitte) Grünkraut (rechts).

Beim Keimvorgang bilden sich Oxalsäure oder das Frassgift Canavasin. Sie schützen den Keim vor parasitären Angriffen, sind aber für uns ungeniessbar. Deshalb die Keimboxen täglich 2- bis 3-mal mit frischem Wasser durchspülen. Die Samen bei 18 bis 22 °C aufstellen. Für die Chlorophyllbildung ist ein heller Platz wichtig.

Kressetest: Links ohne, rechts mit EM-Pflege.

In Schalen auf einem dünnen Erdbett oder auf Watte ausgesät, wird der Samen nur bei Bedarf gegossen oder übersprüht.
Tipp: In die Keimboxen eine EM-Keramikpipe einlegen. Die Samen mit EM-Keramikwasser spülen. Es entstehen keine muffigen Gerüche, die Keimlinge halten sich länger.

Kresse: Samen ca. 4 bis 6 Stunden in Wasser einweichen. Der Samen quillt auf das 8- bis 12-fache seines urprünglichen Volumens.
Den gequollenen Samen auf die Saatschale auslegen. Der günstigste Schnittzeitpunkt des Grünkrauts ist, wenn sich die ersten Blättchen nach dem Keimblattpaar gebildet haben.
Alfalfa (Luzerne) enthält 8 essenzielle Aminosäuren (Proteine). Die Keimlinge brauchen viel Licht. Alfalfakeime erst ab dem 7. Tag verzehren. Dann hat sich der natürliche Schutz Canavasin gegen Frassschädlinge abgebaut.
Mungbohnen haben einen intensiven Eigengeschmack, sodass andere Gewürze nicht nötig sind. In Asien werden sie in klassischen Wok-Gerichten verwendet. Sie keimen nach 12 Stunden Einweichzeit sehr schnell und sind schon nach 3 Tagen für den Verzehr fertig. Danach schmecken sie etwas herber und derber. 1 Tasse Samen ergibt 7 Tassen Sprossen.
Brokkoli gilt als Gegenspieler von Krebszellen. Seine Sprossen passen wunderbar zu Salaten oder Gemüsegerichten. Die Samen 6 bis 8 Stunden einweichen. Sie sind nach 3 bis 5 Tagen fertig. Als Grünkraut die Sprossen einfach etwas länger kultivieren.
Bockshornklee enthält viele wichtige Wertstoffe und Aminosäure. Histidin soll Leberschäden vorbeugen und das Cholin der Leberverfettung entgegenwirken. Diosgenin könnte ein möglicher Wirkstoff gegen Dickdarmkrebs werden. Die Samen 8 Stunden einweichen. Nach 2 Tagen werden sie bereits verwendet werden. Eine Portion Samen ergibt das 4-fache Volumen.

Rettich ist seit Jahrhunderten als Schutz vor Mangelerkrankungen bekannt. Die Samen 8 Stunden lang einweichen. Sie sind nach 4 bis 6 Tagen fertig. Die Senföle sind sehr scharf, aber wirkungsvoll.
Keimlinge oder auch das zarte Grünkraut schmecken auf Brot, mit Käse, Eiern und in Salaten.
Radieschensamen nur kurz einweichen. Sie sind bereits in 3 Tagen fertig. Als Grünkraut können sie bis zu 10 Tagen weiterwachsen. Dann hat sich der natürliche Nährvorrat des Samens erschöpft.

Salat mit Sprossengarnitur.

Tipp: Radieschen sind milder als Rettich und werden vom empfindlichen Magen besser vertragen. In Salaten, Dips, Suppen, auf dem Butterbrot oder zum Garnieren von Gerichten.

Saatschalen und Keimboxen nach Gebrauch gründlich reinigen und zum Schluss mit einer EML aussprühen..

Annes Grünkohl[CH]-Eintopf (vegetarisch)

Man sagt, dass Grünkohl die Zitrone des Nordens ist, weil er mehr Vitamin C als Zitrusfrüchte enthält.

- 300 g Grünkohl, von den Blattrippen abgezupft
- 300 ml Wasser mit EM-Keramikring
- je 200 g Kartoffeln und Karotten, grob gewürfelt
- 1 Essl. Kokosöl
- 2 Zwiebeln, geschnitten
- 1 Knoblauchzehe, fein geschnitten
- je ½ Teel. EM-Salz und Kurkuma
- 1 Essl. mittelscharfer Senf
- etwas schwarzen Pfeffer oder/und geriebenen Ingwer
- ½ Zitrone (geriebene Schale und Saft) und etwas Rahm

Grünkohlblätter 3 min. blanchieren. Erst danach die Blattteile in mundgerechte Stücke schneiden. Zwiebeln im Kokosöl anschwitzen. Grünkohl, Karotten und Kartoffeln mit der Knoblauchzehe, dem Ingwer oder/und Pfeffer dazu geben und kurz «rührbraten». Mit dem EM-Keramik-Kohlwasser ablöschen und noch 5 min. köcheln. Mit Salz, Kurkuma, Senf und Zitrone abschmecken, mit Rahm verfeinern.
Tipp: Als Eiweissportion 200 g Räuchertofu beim Rührbraten dazugeben. Das ganze Rezept kann auch im Steamer 20 min. garen. Das schont Vitamine und andere Wertstoffe.

Dieser herzhafte Vegi-Grünkohleintopf aus EM-Kultur mundet auch ohne Geräuchertes.

Notizen

Notizen

MÄRZ

Der kürzeste Weg zur Gesundheit ist der Weg in den Garten.
Gärtner Pötschke

Was knospet, was keimet, was duftet so lind? Was grünet so fröhlich, was flüstert der Wind? Und als ich so fragte, da rauscht es im Hain: Der Frühling, der Frühling, der Frühling zieht ein. Heinrich Seidel

Die Sonne hat an Kraft gewonnen und lockt in den Garten. Ob wohl alle Pflanzenschätze den Winter überstanden haben? Überall drängt Grün aus dürrem Laub und fahlem Gras hervor und will ans Licht. Jeden Tag entdecken wir neue Blüten. Im Gemüsegarten stehen die letzten Lauch- und Grünkohlschöpfe etwas verloren da. Die Erde ist an schönen Tagen schon richtig durchwärmt und duftet wunderbar, wenn ihr Atem uns aus offener Scholle entgegenströmt. Im Frühbeetkasten und im Gewächshaus ist bei den Gemüsebabys schon richtig Hochbetrieb.

Gemüse

Sind die letzten Röschen vom Rosenkohl und die Blätter vom Grünkohl abgeerntet, bleiben die Strünke noch auf dem Beet stehen. Sie treiben aus den Blattachseln bis zum April nochmals aus. Dieses noch zarte, aber gehaltvolle Grün als Beigabe in Salaten verwenden.

Geduld bringt Rosen: Es ist schade, wenn der Wille für Veränderungen in der Anbauweise da ist, aber nicht lange genug durchgehalten wird. Die Erfahrungen haben gezeigt, dass es sich lohnt, mit EM weiter zu arbeiten, auch wenn sich der Erfolg aus irgendeinem Grund nicht sofort einstellt.

Pflanzen stärken heisst vorbeugen

Der Einsatz von Kunstdünger und Pestiziden ist eine Pauschalvernichtung des Bodenlebens, welches sich dann aus dem Nullpunkt heraus erst wieder neu etablieren muss. Das kostet Zeit, in der sich Schädlinge, und Krankheiten ausbreiten können. Der Arzt und Nobelpreisträger Prof. Dr. Warburg sagte einst «Gesundheit ist die Aufnahme von Ordnung», und Susanne betont: «Ein Befall erfüllt im Stoffkreislauf ja nur die Aufgabe, geschwächtes Pflanzengewebe aus gestörter Erde aufzuräumen.» Wir sollten Voraussetzungen schaffen, dass pathogene Keime oder Schädlinge wie z. B. Schnecken erst gar keine Lebensgrundlagen vorfinden. So ist ein reges Mikrobenleben, das in Symbiose mit den Pflanzen lebt und Nährstoffe für die Aufnahme über die Haarwürzelchen (das ist der Darm der Pflanze) aufbereitet, ein ganz wichtiger Faktor für Gesundheit. Viele dieser Bodenlebewesen sind die gleichen Mikroorganismen, die auch in unserem Darm die Verdauungsarbeit leisten und so die Aufnahme von Ordnung möglich machen.

Forellensalat und erste Aussaaten, wöchentlich mit EML überbraust, bauen ein stabiles Pflanzengewebe auf.

Draussen ist es noch frisch, im Kasten herrscht bereits «Brutwärme».

Beim Abharken vom Herbstmulch wandern die Gedanken ins Gartenjahr: Wir sind Teil dieser Erde und sie ist Teil von uns. Sie liefert alles, was wir brauchen und bringt uns Leben vermittelnde Nahrung. Wie freuen wir uns schon auf frühlingsfrische Grünkost! Dabei ist es für unsere Gesundheit entscheidend, in welcher Bodenqualität alles heranwachsen wird. «Wenn der Gärtner gesund bleibt,

Aktuell

AUSSAATEN

Unter Glas: Auberginen, Bleichsellerie, Gurken, Knollenfenchel, Kürbis, Paprika, Sellerie, Tomaten, Basilikum, einjähriges Bohnenkraut, Dill, Majoran.

Frühbeet: Radieschen, Rettich, Spinat, Schnittsalat.

Freiland, bei milder Witterung: Bohnenkraut, Kerbel, Knoblauch, Kohlrabi, Krautstiel, Kresse, Mairüben, Melde, Palerbsen, Pastinaken, Petersilie, Puffbohnen, Radieschen, Rettich, frühe Karotten, Schnittsalate, Schwarzwurzeln, Spinat, Zwiebeln.

PFLANZEN

Frühbeet: Blumenkohl, Brokkoli, Kopfkohl, Salate.

Freiland: Knoblauch, Lattich, Liebstöckel, Meerrettich, Rhabarber, Topinambur, Zitronenmelisse, Zwiebeln. Ende März bei warmem Boden die ersten Kartoffeln.

PFLEGEN

Sämlinge bei milden Temperaturen am offenen Fenster oder draussen über die Mittagsstunden «abhärten». Aussaaten und Pikiertes feucht halten. Ausdauernde Kräuter kräftig zurückschneiden, Salbei und Thymian nur handbreit entspitzen. Im Freiland Aussaatbeete vorbereiten. Frühbeete bei Sonne lüften.

ERNTEN

Unter Glas (Gewächshaus, Wintergarten oder am Fenster): Erste Radieschen, Sprossen.

Freiland: Letzte Wintergemüse, Meerrettich, Feldsalat, Spinat, Schwarzwurzeln, Winterheckezwiebel, Winterportulak, erste Wildkräuter.

Beetvorbereitung mit vererdetem Bokashi: zuerst die Beete mit EM+U überstreuen, dann mit Bokashi abdecken und leicht einharken.

hat er's richtig gemacht» ist Susanne überzeugt, «denn die Vitalität einer Pflanze wird beim Verzehr an uns weitergegeben.»

«Betten machen» – fürs Gemüse

Den Boden erst bearbeiten, wenn er erwärmt (8 °C) und abgetrocknet ist. Die Erde soll weder an Schuhen noch am Werkzeug hängen bleiben. Bokashi ausbringen und mit dem Grubber leicht einarbeiten, dann mit einem Vlies zudecken, damit einerseits die Wärme besser gehalten wird und andererseits Tiere das begehrte Bokashi nicht wieder ausbuddeln und keine Katzen ihr Geschäft auf dem offenen Boden hinterlassen. Frisches Bokashi muss 2 Wochen vor Pflanzung oberflächig in den Boden eingearbeitet werden. Der

Beete vorbereiten

Alten Mulch von den Beeten abharken, damit die Sonne die Erde erwärmen kann.

Die Beete mit einem EM+U überpudern.

Den Boden mit der Grabgabel lockern: 1. Einstechen, 2. mit dem Stiel hin- und herwippen.

Frisches, noch saures Bokashi ausstreuen …

… und leicht einarbeiten.

Den Wintermulch nochmals in dünner Schicht ausbreiten, damit die eingefangene Sonnenwärme im Boden festhalten.

Mulchdecke nochmals mit EM+U überstäuben.

Mit einer temperierten* EML überbrausen.

Vlies als Schutz vor Kälte und Tieren ausbreiten und mit Steinen oder Haken befestigen.

Kefen und Erbsen werden im EM-Keramikwasser vorgequollen.

Kontakt zur Erde hilft, dass das noch saure Bokashi schnell vererdet und neutralisiert wird.

Falls zu Beginn von EM-Einsatz noch konventioneller Kompost vorhanden ist, kann er mit EM+U und EML aufgewertet werden. Pro Karrette Material

- je 3 Hände voll EM+U und Hornmehl zusetzen
- während des Umsetzens zum neuen Haufen immer wieder mit EML überbrausen
- den Haufen zugedeckt drei Wochen ruhen lassen.

Erst dann diese aufbereitete Erde auf den Beeten verteilen und nochmals mit EML begiessen.

Beetvorbereitung mit bereits vererdetem Bokashi

- Die Beete mit EM+U überstäuben.
- Dem vererdeten Bokashi pro Karrette drei Hand voll Hornmehl und Pflanzenkohlestreu einmischen.
- Eine dünne Schicht davon auf den Beeten verteilen, leicht einarbeiten und mit EML überbrausen.

Tipp: Für den Anbau von Kohlgewächsen den basisch wirkenden Algenkalk verwenden. Er ist für Pflanzenwurzeln schnell verfügbar.

Die gebadeten Kerne noch feucht im EM+U wälzen.

Grosse Samen beizen

Erbsen und Kefen wachsen im Kurztag* am besten. Sie werden schon früh im Jahr ausgesät, sobald sich der Boden erwärmt hat.
Kefen und Erbsen vor der Aussaat ins Freiland für eine Stunde in Wasser einweichen, dann mit EM-Keramikpulver bestäuben. Diese Ummantelung hält in der sensiblen Keimphase schädigende Einflüsse ab und fördert eine rasche, kräftige Entwicklung des Sämlings.

Tipp: Kefen werden hoch. An abgerindeten Fichtenstämmchen (mit Astansätzen) ranken sie sich wie Stangenbohnen in die Höhe.

Kefen in kleinen Gruppen (wie bei Stangenbohnen) um die Stützhilfen herum in die Erde stupfen.

Frühe Karotten säen: Pro Beet 2 Reihen als Wall hochziehen. In den Graben zwischen den beiden Reihen wird Lauch gepflanzt. An den Aussenseiten der Wälle haben noch Radieschen oder Schnittsalatreihen Platz. Auf die Krone des Walls eine dünne Rille ziehen und mit EM+U auspudern. Das Wurzelgemüse hat eine lange Keimzeit, die sich verkürzen lässt, indem der Samen vor der Aussaat «geweckt» wird: Den Samen sanft zwischen den Handflächen reiben, bis er duftet. Mit etwas EM-Keramikpulver vermischen und sofort säen.

Tipp: Eine andere wirkungsvolle Methode ist, den mit EM-Keramikpulver ummantelten Samen in einen Topf mit feuchter Aussaaterde

Karottensamen wecken: zwischen den Handflächen reiben, bis er duftet.

Eine 3 cm tiefe Rille ziehen, mit EML gut durchfeuchten, mit EM+U überstäuben und den Samen auslegen.

Aussaatreihe mit dem Schuh leicht andrücken.

Die Aussaatrille wieder zuschieben.

Schutz vor Ameisen- und Schneckenangriffen: Karotten im Topf in feuchter Erde vorkeimen und dann erst ins Freie aussäen. Die empfindliche Keimphase ist dann bereits überstanden und für Feinde uninteressant.

Saat vor Vögeln und Katzen mit Vlies und/oder Reis schützen.

einmischen und ein paar Tage bei Zimmertemperatur aufstellen. Es bilden sich Keimlinge, die zusammen mit der Aussaaterde (aus dem Topf) in die vorbereiteten Beetreihen ausgestreut werden. Auf diese Art lässt sich der feine Karottensamen auch besser verteilen.

Steckzwiebeln für die Sommerernte stecken. Die Zwiebelchen aber nicht tief versenken. Sie wollen noch mit ihren Zipfeln aus dem

Welche Zwiebelart wird gesteckt?

Steckzwiebeln in die vorbereiteten Rillen stupfen, mit Erde zudecken. Die «Zipfel» sollten noch herausschauen.

Boden lugen und ihre Umgebung sehen. Sie lieben lockere, humose Erde am sonnigen Platz.

Doch welche Zwiebelart soll es in dieser Saison sein? Die üblichen gelblichen Zwiebelsorten sind die rassigen und vor allem für Fleischgerichte geeignet. Die weissen mit milderem und leicht süssem Geschmack würzen Salate besser, ohne mit beissender Schärfe hervorzustechen. Die rotschaligen sind noch milder und munden leicht angedünstet oder roh im Salat. Die grosse Gemüsezwiebel ist zu lasch fürs Fleisch. Sie schmeckt dafür mit würzigen Füllungen delikat. Schalotten, die sich nestartig um ihre Mutterzwiebel scharen, sind die Lieblinge des Gourmetkochs. Sie eignen sich nicht zum Braten, aber für Sossen und kalte Speisen.

Obst und Beeren

Und wenn Morgen die Welt unterginge, würde ich heute noch ein Apfelbäumchen pflanzen.
Martin Luther

Beim Obst herrscht noch «Ruhe vor dem Blütenrausch». Da bleibt Zeit für einmalige Aktionen, z. B. neue Bäume pflanzen oder ein Beerenspalier anlegen.

Beerenhecke anlegen: Wer Platz sparen will, richtet für Johannis- und Stachelbeeren ein Spalier ein oder zieht Drähte zwischen Stützpfähle. Die Zweige der Beerensträucher werden wie Himbeeren oder Spalierobst fixiert und auskragende Triebe eingekürzt. So kommt viel Licht in die Gehölze, was den Fruchtansatz begünstigt.

Die Vitalbeere (Schisandra chinensis) ist in China ein beliebtes Stärkungsmittel. Sie kann in die Beerenhecke integriert werden und beansprucht nur einen Meter in der Breite, kann aber bis fünf Meter hoch werden. Ein Rückschnitt ist jederzeit möglich. Die roten Beeren enthalten eine Menge Vitalstoffe und schmecken zugleich süss, sauer, bitter und scharf. Die Schlingpflanze rankt wie eine Clematis von allein in die Stützhilfe. Sie liebt die Morgensonne und den Rest des Tages einen wandernden Schatten.

Tipp: Die Vitalbeere bevorzugt einen leicht sauren bis neutralen Boden und bildet mit EM-Pflege besonders gehaltvolle Beeren.

Vitalbeere am Spalier.

Obstbaum pflanzen: Ausser im Herbst ist auch der März eine sehr gute Zeit, neue Bäumchen zu pflanzen. Dabei darauf achten, dass die neuen Gehölze nicht auf die gleiche Stelle von gerodeten Altbäumen aus gleicher Familie (Kernobst wie Äpfel) gepflanzt werden. An dieser Stelle ist der Boden müde*.

Obstbaum pflanzen

Geräte, Stützen, Schattenmatte und Bokashi bereitstellen.

Wurzeln auf Kronenbreite zurückschneiden.

Pflanzloch in doppelter Tiefe und Breite des Wurzelballens ausheben. Rasensoden auf die Seite legen.

Pro Jungbaum 2 Pfähle setzen. Eine Schicht frisches Bokashi ins Pflanzloch geben.

Rasensoden umgekehrt auf das Bokashi legen. Baum provisorisch an den Pfählen aufhängen, damit die Wurzeln im Loch «schweben».

Das Pflanzloch um und zwischen den Wurzeln mit Aushuberde auffüllen.

Die Erde gut einschwemmen Danach die Pflanzscheibe nochmals mit Erde bodeneben auffüllen.

Den Baum mit dicker Kokos- oder Sisalschnur sorgfältig festbinden. Dabei die Pfähle und das Bäumchen in 8ter-Form umschlingen.

Den Jungbaum mit einer Schattenmatte oder einem EM-Baumanstrich vor Sonnenbrand schützen.

Aktuell

Winterschnitt: Anfang März ist letzter Termin, möglichst bei absteigenden Mond, weil dann die Säfte noch nicht aktiv sind.

Him- und Brombeeren: Stützgerüste kontrollieren und wenn nötig erneuern.

Erdbeeren: abgestorbene Blätter ausputzen. Beete lockern, mit EML giessen.

Leere Obstlager mit EML reinigen.

Tipp: Wenn die Fläche von gerodeten Bäumen im Herbst (vor der Frühlingspflanzung) mit mehreren EM-Behandlungen saniert wurde, könnte auf dem Platz des Vorgängers gepflanzt werden. Dazu innerhalb von 3 Wochen 3 Behandlungen ausbringen:

- EML mit eingerührtem EM+U (Biolit ultrafein, ZeoBas) giessen
- zusätzlich etwas Pflanzenkohlestreu oder Terra Preta ausstreuen.

Auf die ehemaligen Baumscheiben einen Mulch aus dem letzten Rasenschnitt ausbringen oder einen Gründünger säen.

Blumen – Gehölze – Biotope

Bäume und Sträucher sind das Rückgrat des Gartens. Karl Foerster

Der Garten trägt noch sein winterlich fahlgraues Kleid. Aber unter dem verdorrten Laub der Stauden erwacht neues Leben. Frühlingsboten wie Schneeglöckchen, Märzenbecher und Krokusse mögen

nicht warten. Unbeirrt und kraftvoll schieben sie sich durch den natürlichen Wintermulch. Die ersten Falter taumeln auf Nektarsuche von einer Blüte zur anderen. Neugierig streifen wir durch den Garten und werden jedes Jahr vom jungen Werden aufs Neue bezaubert.

Stängel von Stauden bodeneben runterschneiden.

Stauden zurückschneiden: Wer im Herbst auf den Rückschnitt verzichtet, hat es im Frühling leichter. Vieles lässt sich einfach von Hand abnehmen. Nur wenige Stauden bilden so zähe Stängel, dass sie geschnitten werden müssen. Kleingehölze wie Lavendel vergreisen nicht so schnell, wenn sie jedes Jahr bis auf 10 cm zurückgeschnitten werden. Es bauen sich wieder schöne, kugelige Büsche auf.

Die wintergrünen Blätter von der Elfenblume (Epimedium) abschneiden, bevor die Blütenstängel erscheinen.

Chinaschilf (Miscanthus) auf Höhe der ersten neuen Halmspitzen (innerhalb der verholzten Grasstängel) einkürzen.

Gräser schneiden oder auskämmen: Harte Halme wie beim Chinaschilf nur soweit einkürzen, dass neue grüne Halmspitzen nicht verletzt werden. Andere Gräser wie die immergrünen Schwingel mit der Hand «auskämmen», weil sich die alten Halme fast von allein aus dem Blätterschopf lösen.

Kleingehölze wie Heiligenkraut und Lavendel handbreit heruntersetzen.

Rasenpflege: Vermooste Flächen auskämmen, mit einem Düngebokashi überstreuen und leicht einharken. Pro 100 m^2 5 bis 10 kg Düngebokashi oder mit einem EM-Flüssigdünger nach Vorschrift verdünnt giessen (bei bedecktem Himmel oder abends).

Intensivbehandlung bei lückenhaften, unterversorgten Rasenflächen pro 100 m^2

- 20 kg Pflanzenkohlestreu und 1 kg EM-Keramikpulver miteinander mischen und ausstreuen.

Eine EM-Lösung 4 bis 5-mal alle 14 Tage ausbringen:

Immergrüne Gräser wie Blauschwingel mit der Hand «auskämmen».

Staudenschnittgut (viel Kohlenstoff) aufbewahren und mit dem Schreddern bis zum 1. Rasenschnitt (viel Stickstoff) warten. Erst dann beides zusammen im CN-Verhältnis 1:2 bokashieren (Seite 213).

Im Gallert sind die schlüpfenden Froschkaulquappen vorläufig noch vor Feinden geschützt.

- 2 l EMa und 500 ml Bokashisickersaft oder 1 l EM-Flüssigdünger
- 100 l Wasser.

Tipp: Das Dosiergerät Aquamix* ist praktisch, um grössere Flächen zu überbrausen (Seite 36). Für die Wasserbelebung mit Sauerstoff kann zusätzlich ein Wasserverwirbler aus EM-Keramik (nach dem Schaubergerprinzip) in den Schlauch eingesetzt oder in die Wasserleitung installiert werden.

Zur fortlaufenden Rasenpflege unmittelbar vor dem Mähen pro 100 m^2 mit einer EML sprühen:

- 1 l EMa auf 20 l Wasser.

Dauerhaft bepflanzte Terrakotta-Gefässe haben gut verpackt den Frost überstanden und werden nun aus ihrer Winterpackung herausgeschält. Ist die Erde in den Gefässen zu stark abgesunken, wird der ganze Wurzelballen vorsichtig herausgehoben, eine Schicht Bokashi in den Topf eingefüllt und mit einer dünnen Schicht neuer Erde abgedeckt. Darauf wird der Wurzelballen auf Höhe des Topfrandes wieder eingesetzt. Den Raum zwischen Wurzelballen und Topfrand mit Erde zustopfen, damit die Pflanzen wieder einen guten Halt bekommen.

Biotop: Dem Wasser so viel Nährstoffe wie möglich entziehen. Dazu alles Verdorrte im und am Wasser wegschneiden. Wuchernde Wasserpflanzen reduzieren. Nur neue Seerosenblätter stehen lassen. Sie bieten den Lurchen Schutz. Frösche sind die ersten, die sich im Wasser tummeln und ihre Laichballen absetzen. Bald stellen sich die Molche ein und verlegen ihren Aufenthaltsort für die Aufzucht des Nachwuchses ein paar Wochen vom Land ins Wasser. Sie jagen die jungen Kaulquappen. Wenig später kommen die Erdkröten und feiern Hochzeit. Sie legen Ihren Laich an Schnüren ab, die sie sorgfältig um Wasserpflanzen herumschlingen. Das Jungvolk grast Wassermoose und Algen von den Steinen ab. Sie haben weniger Mühe, um zu überleben, weil sie anderen Wasserfreunden einfach nicht schmecken.

Tipp: Mit einer EM-Impfung sobald wie möglich beginnen, bevor die «Algenblüte» beginnt. (Anwendung ab Seite 41).

1 Wasserpflanzen abschneiden oder reduzieren, alte Seerosenblätter (hellbraun) entfernen.

2 Krötenmännchen suchen ein Weibchen. Die sind rar.

Balkon- und Zimmerpflanzen

Die Kinderstube der Zimmerpflanzen muss hell, warm und luftfeucht sein.

Trockene Raumluft und zu grosse Temperatur- und Feuchtigkeitsschwankungen laden Spinnmilben (Rote Spinne) und Schildläuse ein, die gestressten Pflanzen «aufzuräumen». Mit EM-Pflege überstehen Zimmerpflanzen diese Strapazen leichter. Der März ist ein günstiger Monat, von einer Zimmerpflanze eine ganze Kompanie als Mitbringsel für Freunde anzuziehen. Die meisten Pflanzen werden über Triebspitzen vermehrt. Die immensen Wuchskräfte ab dem ersten Frühlingsmonat und die Unterstützung von EM helfen, dass auch anspruchsvollere Vermehrungsmethoden gelingen. Begonien und Usambaraveilchen sind typische Vertreter, die über das Blatt vermehrt werden können. Das Usambaraveilchen bildet zwischen Stiel und Blatt neue Wurzeln. Bei Begonien wird ein Blatt auf die Erde gelegt. Mit einem kleinen Schnitt in eine Blattader wird die Wurzelbildung angeregt. Begonien haben es nicht gern, wenn sie Wasser auf den Kopf kriegen. Ein Folienzelt kann die Luftfeuchte halten. Die Blättchen ab und zu mit einem Hauch Wasser übersprühen.

Jungpflanzen aus Stecklingen

Zuunterst in die Töpfe eine dünne Schicht Bokashi als Nährstoffdepot einlegen, mit Erde auffüllen.

Mit EML gut durchfeuchten.

Die vorbereiteten Stecklinge …

… in die Erde stecken.

Blattsteckling: Eine Blattader im Begonienblatt durchschneiden.

Auf die Topferde eine Schicht Sand ausbreiten. Das Blatt mit Klammern darauf fixieren (für den Erdanschluss).

Urdinkel wurde noch nicht mit Weizen eingekreuzt und enthält nur sehr wenig Gluten.

Rezepte

Selbstversorger bauen sich ihr Brotgetreide selber an. Dazu gehört ausser Urdinkel auch die alte Gertreideart Emmer, aus dem sich ein besonders würziges Brot backen lässt. Trotz geringem Kleberanteil (Gluten) entsteht durch kurzes Kneten und eine lange Teigruhe ein sehr gutes Brot.

Wertstoffe im Emmer: Gelb-Pigmente (Carotinoiden Lutein und Zeaxanthin) beugen Augenkrankheiten vor und wirken gegen Krebserkrankungen. Emmer enthält mehr Protein, Zink, Eisen, Magnesium und Calcium als Weizen. Durch sein hartes, glasiges Korn ist das Mehl eher griessig und eignet sich bestens für Teigwaren, Feingebäcke wie Lebkuchen, Waffeln und Kuchen. In der Toskana hat sich der Emmeranbau gebietsweise bis heute gehalten. In Deutschland wird Emmer im Schwarzwald in einem Familienbetrieb in Bio-Qualität mit EM-Pflege angebaut. Um die Backeigenschaften von Hefebroten zu verbessern, kann man dem Emmer Dinkel (Urdinkel) beifügen.

Johannas[D] Emmer-Dinkel-Vollkornbrot

- 500 g Emmermehl, zentrofan gemahlen
- 500 g Dinkelmehl, zentrofan gemahlen
- 200 ml EM-blond und 1 Würfel Hefe
- 500 – 600 ml Wasser (mit EM-Keramik-Pipes aktiviert)
- 70 ml Urmeersole oder 20 g EM-Salz
- Mit Gewürzen oder eingeweichten Körnern variieren.

Zu beachten: Die Wassermenge gilt für zentrofan gemahlenes Vollkornmehl. Ein Auszugmehl* benötigt weniger Wasser.

Vorteig: Hefe, den Großteil der Flüssigkeit und das Emmermehl am Vorabend mischen und über Nacht zugedeckt bei Zimmertemperatur aufstellen. Am nächsten Morgen Dinkelmehl, Salz und je nach Geschmack Gewürze oder Körner zugeben und mit der Rührmaschine kneten, bis sich der Teig vom Schüsselrand löst.

Bei Bedarf noch etwas Wasser zugeben. Den Teig eine Stunde ge-

Brotteig kurz kneten, bis sich der Teig von der Schüssel löst.

Emmerbrot, mit EM gebacken, ist locker, luftig und schmeckt herrlich.

hen lassen, dann noch einmal leicht durcharbeiten. In Kastenformen füllen, weil der Teig recht weich ist.
Backen: 20 Minuten bei 230 °C im vorgeheizten Backofen, bis sich eine stabile Kruste gebildet hat. Dann ohne Form weitere 30 bis 35 Minuten bei 180 Grad fertig backen.
Tipp: EM-Blond wurde mit Gerstenmalz hergestellt und ergänzt den Getreidegeschmack. Aber es kann auch ohne weiteres ein EMa verwendet werden, das mit der üblichen Zuckerrohrmelasse vermehrt wurde.

«Unser täglich Brot», – auf der eigenen Scholle gewachsen – macht uns bewusst, was «Lebensmittel» ist.

Die Zentrofan-Vollwert-Mahltechnik: Das Getreide wird nicht zerrieben und gequetscht, sondern durch einen ständig zirkulierenden Luftstrom am stehenden Naturmahlstein aus Basalt-Lava abgeschliffen. Gleichzeitig kühlt der Luftstrom das Mahlgut. Die wertvollen Vitamine bleiben erhalten. Während des Mahlvorgangs wird ein Teil Feuchtigkeit entzogen. So bleibt das Mehl lange haltbar.

Moderne Brotgetreidearten wurden für die industrielle Verarbeitung auf einen höheren Gehalt an Gluten (Klebereiweiss) gezüchtet, damit die Backwaren auf den Fertigungsbändern besser haften. Das ist für die Hersteller sicher eine gute Sache. Gedanke: Nehmen die Gluten-Unverträglichkeiten deshalb zu, weil der hohe Anteil Klebereiweiss dem Konsumenten nicht bekommt?

Sandras[Ch] Brennnesselsuppe

Die ersten zarten Spitzen munden richtig gut. Die Suppe ist einfach und schnell gemacht:

- 300 g Brennnesselspitzen, ohne Stiele
- 2 mittelgrosse Kartoffeln, in Würfel
- 2 Zwiebeln, gewürfelt
- 600 ml Gemüsebrühe
- etwas Kokosöl, Salz und Pfeffer
- Mit Crème fraiche verfeinern.

Handschuhe anziehen, Brennesseln waschen. Zwiebeln im Öl anschwitzen, mit Gemüsebrühe ablöschen, Kartoffeln und Brennesel dazu geben und 20 min köcheln, dann pürieren. Mit Salz, Pfeffer und Crème fraiche abschmecken.

Wenn alle wüssten, wie gut Brennnesselsuppe schmeckt, wäre sie längst ausgerottet.

Notizen

Notizen

Auf den Wiesen des Biohofs blühen wilde Osterglocken (Narcissus pseudonarcissus)

EM Salat ohne Schneckenspuren …

… sein kühles Blätterdach ist lediglich ihr Schlafplatz.

APRIL

Der «Grüne Daumen» besteht aus Aufmerksamkeit und Zuwendung. Anke Maggauer-Kirsche

Auf Susannes Obstwiese blühen die Osterglocken. Den Traubenhyazinthen folgen die ersten Wildtulpen auf dem Fuss. Im Gewächshaus drängeln sich Gemüse- und Blumenkinder in den Saatschalen. Im Frühbeet wachsen Salate zügig voran, im Freiland spitzen die ersten Grünspargeln. Kirschen stehen in voller Blütenpracht. Kurzum: Im launischen Ostermond herrscht Hochbetrieb.

Wo sind die Schnecken?

In Fäulnis geratenes Material riechen die Schnecken bis auf 100 m Entfernung und werden unweigerlich angelockt. Vor frisch verpflanzten Gemüsesetzlingen haben sie keinerlei Respekt, denn die stehen noch unter Verpflanzungsschock und sind geschwächt. Die Schnecken bekommen den Impuls, dass diese Pflänzchen im Moment dem Leben in der Natur nicht gewachsen wären und abgeräumt werden müssen. So war es auch in Susannes Garten, trotz Bio-Anbau. Bis im Boden alle Fäulnisinformationen durch den üblichen Kompost von Effektiven Mikroorganismen in Leben aufbauende Signale umgewandelt wurden, dauerte es mehrere Jahre. Es gibt immer noch vereinzelt Schnecken, vor allem, wenn es lange geregnet hat. Oder im Schatten von Bäumen, wo kaum Licht hin kommt und es bei nassem Wetter von den Bäumen tropft. Das zieht die Schnecken aus den umliegenden Wiesen von neuem an. An besonnten Plätzen und Beeten mit guter Bodenkrume gibt es höchstens ein paar Kriecher, die im Schatten von Salatköpfen tagsüber schlafen und nur die auf dem Boden liegenden vergilbenden Blätter futtern. Seit dem Einsatz mit Effektiven Mikroorganismen braucht es keine abendliche Schneckenjagd mehr.

Im Frühbeetkasten wächst und grünt es.

Gemüse

Ein Test zeigte, was Schnecken lieben: Gekaufte Jungpflanzen wurden neben selbstgezogenen Setzlingen (mit EM-Pflege) gepflanzt. Die Schnecken suchten sich die gekauften aus und frassen alle auf. An den starken EM-Jungpflanzen hatten die Molusken* kein Interesse.

Frage: Richtet die Schnecke wirklich Schaden an oder macht sie nur ihren Job?

In der Gemüsekinderstube wird's eng. Es ist Zeit, den Sämlingen mehr Raum zu geben und in grössere Lochplatten oder in kleine Töpfchen umzusetzen.

Erde zum Pikieren (auch für Blumenkästen): Hornmehl und Mist sind Stickstofflieferarten tierischer Herkunft. Sie werden im Boden mit Hilfe von Sauerstoff über Fäulnis umgebaut. Das lockt Schnecken und andere Schaderreger an, weil Abbausignale ausgesendet werden. Wer diese Dünger verwenden will, sollte sie vor Gebrauch fermentieren (bokashieren). Mit dieser Umwesung (ohne Sauerstoff) entsteht keine Fäulnis.

Für Blumenkästen und Pikierplatten braucht man ordentliche Mengen Erde.

Susanne hat erlebt, dass der Boden mit reichhaltigen Bokashigaben keine weiteren Stickstofflieferanten mehr nötig hat. Der Garten ist bis auf einzelne Exemplare frei von Schnecken. Für 100 l Erdmischung

- 40 l Gartenerde (4 Eimer à 10 Liter)
- 40 l vererdetes Bokashi (4 Eimer à 10 Liter)
- 20 l Kokosfasern (Torfersatz)
- 1 Hand voll EM+U
- 1 Hand voll EM-Bokashidünger, falls noch Stickstoff fehlt.

Tipp: Kokosfasern bilden in der Erde ein stabiles Gerüst. Das Substrat in den Balkonkästen sackt nicht mehr zusammen.

Bioerde aus dem Sack

Für die Jungpflanzenanzucht muss doch mal Erde zugekauft werden. Im Bio-Erdeangebot wird auf Torf verzichtet und für die Stabilisierung der Substrate nachwachsende Pflanzenfasern verwendet. Die haben nicht nur Vorteile, denn

- Holz- und Leinfasern binden Stickstoff
- Chinaschilf und Reisspelzen bleiben auf Dauer nicht strukturstabil.

Als Folge wurde beobachtet, dass der ursprünglich 2 cm hohe Giessrand des Balkonkastens bis zum August um 7 cm gesunken ist, weil sich das Strukturmaterial abgebaut und das Substrat so verdichtet hat, dass kein Luftaustausch mehr stattfinden kann und die Pflanzen für Mangelkrankheiten anfällig werden.

Tipp: Bewährt haben sich Substrate, denen Kokosfasern beigegeben werden. Diese Erde sackt kaum zusammen und hat eine hohe Wasserspeicherkapazität.

Bohnen, in 5-cm-Lochplatten oder in kleinen Töpfen angezogen, wachsen bei Auspflanzung im Mai sicherer an. Lochplatten wie auf Seite 97 füllen.

Bohnen vorziehen. Die Südamerikanerin liebt die Wärme und einen humosen, lockeren Boden. Ihre Keimlinge leiden in kalten und nassen Lehmböden und unter Wind. Schnecken und Wurzelmaden setzen ihnen so zu, dass manchmal mehrere Aussaaten nötig sind. Werden sie jetzt unter Glas oder auf der Fensterbank in Töpfen vorgezogen, überstehen sie die heikle Keimphase besser.

Tipp: Die kräftigen Jungpflanzen an die frische Luft gewöhnen und abhärten, bevor sie Ende Mai ins Freie gesetzt werden. Dann sind die Blätter auch derber und haben Schutzstoffe gegen Frassfeinde ausgebildet.

Pikieren

Die Sämlinge werden aus der Saatschale in 5-cm-Lochplatten pikiert. Dieser kleine Mehraufwand lohnt sich, denn das nahrhafte

Bokashi sendet den Pflanzen das Signal, dass hier gutes Futter zu holen ist. Die hohe Antioxidanz von EM überträgt sich auf die Pflanzen und steigert ihre Widerstandskraft.

Die Topfmulden der Lochplatten zu

- $^{1}/_{5}$ Höhe mit reifem Küchenbokashi auffüllen. Das deckt gleichzeitig die Abzugslöcher der Lochplatte, sodass keine Feinerde herausrieseln kann.
- $^{4}/_{5}$ der Topfmuldenhöhe mit der vorbereiteten Erdmischung auffüllen.

Tipp: Das «Pikierholz» könnte ein zugespitzter Holzstab, ein Holzetikett oder ein Kugelschreiber ohne Mine sein.

Im Glashaus auf Stellagen gestellt, wachsen die Pikierlinge zu kräftigen, vitalen Pflanzen heran.

Zucchinisämlinge haben mit einem Bokashidepot schnell Fuss gefasst.

Freilandsaaten keimen im April schneller, weil es schon recht warm sein kann und das wechselhafte Wetter genug Feuchtigkeit

Arbeitsablauf Pikieren

Die Abzugslöcher in den Lochplatten mit reifem Küchenbokashi abdichten....

...darüber Erde auffüllen und mit den Fingerspitzen andrücken, überstehende Erde abstreifen.

Mit dem Pikierholz das Pflänzchen vorsichtig aushebeln, zu lange Hauptwurzeln auf 4 cm einkürzen.

Mit dem Pikierholz ein Loch machen. Den Sämling einsetzen und die Erde leicht andrücken.

Die Pflänzchen mit EML (20 ml EM auf 1 l Wasser) leicht überbrausen.

Bereits nach 2 Wochen haben die Wurzeln die Bokashischicht erreicht.

Erbsen mit EM+U ummanteln, dann säen.

Aktuell

AUSSAATEN

Unter Glas: Auberginen, Basilikum, einjähriges Bohnenkraut, Blumenkohl, Fenchel, Gurken, Mangold, Kresse, Kürbis, Melonen, Sellerie, Salate, Winterlauch, Zucchini, Zuckermais. Erste Folgesätze von Kopfsalat, Radieschen, Kohlrabi, Zuckermais.

Im Frühbeetkasten: Lattich, Fenchel, Mangold, Wirsing, Weiss- und Rotkohl.

Im Freiland, an günstigen Aussaattagen und wenn die Erde erwärmt ist: Brokkoli, Chicorée, Erbsen, Gartenmelde, Karotten, Kefen, Knackerbsen, Kohlrabi, Pastinaken, Radieschen, Rettich, Salate, Schwarzwurzeln, Zwiebeln.

PFLANZEN

Im Freiland, bei warmem Wetter ab Mitte April: Grünspargel, früher Kohl, frühe und mittelfrühe Kartoffelsorten, Lauch, Mangold, Knoblauch, Wirsing, Zwiebeln, ausdauernde Kräuter.

Unter Glas: Kohlrabi, Salate.

PFLEGEN

Aussaaten pikieren. Frühbeet und Folientunnel bei Sonne lüften. Im Freien drei Wochen vor Pflanzung EM+U streuen und EM-Kompost ausbringen. Schnecken ablesen.

ERNTEN

Unter Glas: erste Salate und Radieschen.

Im Freien: Frühlings-Wildkräuter als Salatbeigabe wie Bärlauch, Brennnessel, Gänseblümchen, Giersch, Löwenzahn, Sauerampfer. Ausgetriebene Knospen vom Rosenkohl, Radicchio, letzter Feldsalat und Winterspinat.

Für die Karottensaat einen Wall machen. Die Wurzeln haben mehr Platz als auf dem ebenen Beet und werden gut belüftet.

In den Graben zwischen den Walmen Lauch pflanzen.

bringt. Deshalb in rauen Regionen mit den Aussaaten auf dem Beet bis in den April hinein warten.

Karotten brauchen lange, bis sie ihr junges Grün zeigen. Sollen in ihrer Nachbarschaft weitere Gemüse auf die noch freien Beetflächen ausgepflanzt werden, gerät man schnell mal in die verkehrte Reihe, weil es da scheinbar noch Platz gibt, aber eben nur scheinbar.

Tipp: Damit die Karottenreihen besser markiert sind, werden zusätzlich einzelne Radieschensamen im Abstand von 15 bis 20 cm eingelegt. Sie schauen bereits innerhalb ein paar Tagen neugierig aus dem Erdreich hervor. Die jungen Karottensämlinge werden durch diese nur sporadisch vorkommenden Radieschen nicht zu sehr beschattet oder in ihrer Entwicklung beeinträchtigt.

Wildkräuter ernten

Zu keiner Jahreszeit sehnen wir uns so nach dem Duft und Geschmack frühlingsfrischer Kräuter wie in der Osterzeit. Schon Goethe liebte die Frankfurter Grüne Sosse mit ihren sieben verschiedenen frischen Kräutern. Ausser den bekannten Küchenkräutern gibt es unzählige Wildkräuter, die uns als Salatbeigabe neue Lebenskräfte schenken. Jetzt schmecken die zarten Blätter noch nicht herb. Die Blüten locken mit süssem Nektar und sind Zierde. Einfach mal ausprobieren: junge Blättchen von gefleckter Taubnessel, Scharbockskraut, Knoblauchrauke, Günsel, Gundelrebe, junge Triebe der wilden Johannisbeere, zarte Blätter und Blüten vom Spitzahorn, Buchenblätterknospen und noch viele andere. Blüten erst zum Schluss über den Salat geben. Sie würden in der Salatsosse an Aroma verlieren.

Wildkräuter mit vielen Vitalstoffen bereichern die Grüne Sosse, u. a. auch Gundelrebe, Knoblauchrauke und Günsel.

Tipp: Wichtig ist, dass die Pflanzen an unbelasteten Orten gesammelt werden und nicht am Rand von vielbefahrenen Strassen oder auf güllereichen Wiesen. Zum Thema gibt es wunderbare Literatur oder auch Kursangebote.

Wärmflasche für Beete

Was tun, wenn das Wetter an Aussaattagen und in Pflanzzeiten nicht mitspielt und der April letzte Schneeschauer übers Land jagt? Ein Folientunnel nicht erst nach der Pflanzung aufstellen, sondern schon ein paar Tage vorher über das vorbereitete Beet aufbauen, um die Wärme von sonnigen Tagesabschnitten einzufangen und trotz Kälte für ein molliges Pflanzenbett zu sorgen.

In rauen Regionen schickt der April noch manchen Schneeschauer über die Beete. Ein Folientunnel schützt die Pflanzenteenies.

Auf jeden Fall Kartoffeln

Wer einmal selbst geerntete Kartoffeln auf dem Teller erlebt hat, will keine anderen mehr. Mit EM-Pflege sind sie noch schmackhafter und ausserdem im Aufwuchs widerstandsfähiger gegen Krankheiten und «Käferbesuche». Der Wintervorrat schrumpelt kaum.

Kartoffeln sind nach einem Hausbau auf dem neuen Gartenboden die besten «Bodenaufbereiter». Sie schützen bodendeckend die noch nackte Erdkrume. Die Wurzeln brechen grobe Lehmklumpen auf. Dieser jungfräuliche Boden beherbergt noch keine Pilzsporen, die für Kartoffeln gefährlich werden könnten. Das Ergebnis ist eine wunderbare Ernte. Das idealste Pflanzenbett wäre ein frischer Wiesenumbruch. Im Garten ist es den Kartoffeln nach Stark- und Mittelzehrern* am wohlsten.

Frühkartoffeln haben auf kleinen Ecken Platz. Es werden nur kleine Mengen benötigt.

Das Beet mit EM+U überstäuben, dann die Erde lockern.

Reihen mit einer Tiefe von 15 cm im Abstand von 60 cm ziehen.

Kartoffeln im Abstand von 60 cm legen.

Darauf achten, dass die Keime nach oben, und der «Po» (Nabel) nach unten zeigen.

Die Reihen mit Erde zuharken.

Vorgekeimt sind Kartoffeln in der Eingewöhnungsphase im Beet widerstandsfähiger und wachsen zügig voran.

Kartoffelkäfer kommen, wenn der Löwenzahn blüht.

Kartoffeln pflanzen: Frühe Sorten können ab Anfang April, die mittelfrühen und späten ab Ende April gelegt werden. Wichtig ist, dass der Boden mindestens auf 8 °C durchwärmt ist. Nasskaltes Wetter mögen die Knollen gar nicht. Vorgekeimt und bei frischen Temperaturen mit einem Vlies abgedeckt, wachsen sie zügig weiter.

Schutz vor Braun- und Krautfäule:

- EM+U über die Kartoffeln stäuben und auch die Pflanzreihen leicht auspudern.

Tipp: Dass die Speisekartoffel am besten an Wurzeltagen in den warmen Boden kommen, ist klar. Saatkartoffeln dagegen werden an Fruchttagen gelegt.

Wann der Kartoffelkäfer aus dem Boden krabbelt, hängt vom Wetter und den klimatischen Bedingungen einer Region ab. Ein gutes Indiz ist der Löwenzahn. Sobald er in voller Blüte ist, sollten wir mit achtsamem Auge die Unterseite der Kartoffelblättchen nach Eiablagen absuchen.

Tipp: Sobald der Garten konsequent mit EM-Einsatz bearbeitet wird, nimmt der Besatz an Schaderregern kontinuierlich ab.

Gemüsepflanzen abhärten

Unter Glas vorgezogene Jungpflanzen erleiden beim Auspflanzen ins Freie keinen Wachstumsschock, wenn sie an die zukünftigen Bedingungen langsam herangeführt werden. Ein bis zwei Wochen vor dem Pflanztermin das Gewächshaus oder den Frühbeetkasten lange lüften oder die Zöglinge an frühlingswarmen Tagen am geschützten Platz nach draussen bringen. Direkte, pralle Sonne meiden. Die zarten Blätter könnten verbrennen. Die Temperaturen sollten nicht unter 10 °C sinken.

Tipp: Bei Blumenkohljungpflanzen wirkt sich eine Unterkühlung fatal aus. Sie bekommen den Impuls, dass es Herbst sei und entwickeln noch schnell Blüten für den Samenansatz. Es bilden sich statt grossen Köpfen nur kleine «Angstrosen».

Obst und Beeren

Die ganze Kraft der Obst- und Beerengehölze wird für die Blüte mobilisiert. Da tut ein Nährstoffnachschub gut.

Obst und Beeren düngen: Der Wintermulch ist ziemlich verrottet. Die Baumscheiben bei erwärmtem Boden mit EMa benetzen, damit Pilzsporen im Falllaub des Herbstes eingedämmt werden. Auf die Baumscheiben und in die Beerenreihen vererdetes Bokashi mit fermentiertem Mist (70:50) vermischt ausbringen.

Bäume sind Gedichte, die die Erde in den Himmel schreibt.
Khalil Gibran

Mit Bokashidepots in der Erde und vorbeugenden EM-Spritzungen bleibt das Obst gesund.

Vor der Blüte Bäume und Böden 1-mal tropfnass einsprühen. Pro 10 l Wasser

- 1 l EMa
- ½ Tasse EM+U.

Bei hohem Befallsdruck von Pilzkrankheiten oder Schädlingen der EM-Lösung zusätzlich einmischen:

- 20 ml EM5 und ½ Tasse EM+U.

Tipp: Die Mischung sofort ausbringen, möglichst abends oder bei trübem Wetter.

Während der Blüte 1-mal spritzen. Pro 10 l Wasser

- 1 l EMa
- ¾ Tasse EM+U

Wenn sich Feuerbrand ankündigt: Die Bakterien werden von Bienen beim Bestäuben übertragen, wandern durch den Blütenschlund ins Holz und verschleimen die Leitbahnen. Den Obstbestand ab aufbrechender Blüte bis zum Abblühen mit EM spritzen. Die Effektiven Mikroorganismen besetzen den Platz. Feuerbrandbakterien haben keine Chance, in den Saftstrom des Gehölzes einzudringen. Ab Frühjahr, vor Austrieb, in der Blütezeit und bei Bedarf während der ersten Zeit nach der Blüte 2 × pro Woche auf 10 l Wasser spritzen:

- 1 l EMa
- 100 g Gesteinsmehl (Biolit ultrafein, ZeoBas oder Nourivit).

Spätfrostgefahr während der Obstblüte: Die Effektiven Mikroorganismen entwickeln bei ih-

Aktuell

Frostrisse sauber ausschneiden und mit einer Paste aus EM+U und EMa verschliessen.

Lagerobst kontrollieren, leere Regale mit EML reinigen.

Erziehung zum Beerenspalier: Seitlich gezogene Leittriebe ausknospen. Die Triebspitze bis vor einer nach unten gerichteten Knospe abnehmen.

Obstgehölze an der Hauswand blühen früher als auf freier Wiese.

rer Arbeit Wärme. Das kann bei Frostgefahr in der Blütezeit genutzt werden: Pro 10 l Wasser

- 40 ml EMa und 40 ml ZRM über die Gehölze spritzen.

Die Zuckerrohrmelasse bietet den Mikroben Futter, sodass sie besonders aktiv werden und ihre Umgebungstemperatur um bis zu 4 Grad erhöhen.

Tipp: Die durch Mikroorganismen erzeugte Wärme durch EMa+ZRM kann auch zur Verfrühung der Kirschenblüte genutzt werden. Versuche haben ergeben, dass die mit EM behandelten Bäume bis zu 8 Tagen eher reiften als unbehandelte.

Spalierobst blüht an der warmen Hauswand besonders früh. Eine einzige Nacht kann die Blüte von Aprikosen und Birnen vernichten und damit auch den Fruchtbehang.

Tipp: Bei Gefahr Spalierobst und Niederstämme mit einem Vlies einhüllen. Sobald es wieder warm ist, das Vlies abnehmen, damit die Blüten bestäubt werden können.

Hummeln sind wie Bienen sehr fleissig. Der Grundstein für eine reiche Obsternte wird bereits während der Blütezeit gelegt. Die Bestäubung hängt vom Wetter ab und ob genug Bienen unterwegs sind. So emsig wie Bienen auch sind: Sie fliegen nur an trockenen, warmen Tagen. Hummeln dagegen sind bei Wind und Wolken unterwegs und unterstützen die Arbeit der Bienen. Den dicken Brummern sollten Nisthilfen angeboten werden. Im Internet gibt es Anleitungen für den Selbstbau unter «Nisthilfen für Hummeln».

Tipp: Selbstversorger, die auch Bienen haben, machten mit dem Einsatz von Effektiven Mikroorganismen sehr gute Erfahrungen gemacht, denn die antioxidativ wirkenden Mikroben stärken das Immunsystem geschwächter Völker.

Hummeln sind fleissige und robuste Bestäuber.

Blumen – Gehölze – Biotope

So launisch wie das Wetter im April auch sein mag: Die Wuchskräfte werden mit dem ständigen Wechsel von Sonne und Regen gefördert und sind nicht mehr zu bremsen. Man kann sich am Treiben und Blühen der Zwiebelbumen wie Tulpen und Narzissen, Scilla und Puschkinia nicht satt sehen. Natürlich schiessen auch (Un)mengen an Beikräutern aus allen Winkeln und Ecken hervor und schieben sich vorwitzig zwischen unsere Lieblinge. Diese Kräuter nehmen

Wildformen der Zwiebeliris eröffnen schon im April die Schwertliliensaison.

Wildtulpen und Traubenhyazinthen malen mit kräftigen Farben wunderschöne Bilder in den Garten.

Im Gewächshaus werden Sommerblumen wie Wicken und Cosmea vorgezogen.

Vorfreude auf nutzbringende Sommerblumen.

ihre Aufgabe ernst, nämlich der Mineralienhaushalt des Bodens im Gleichgewicht zu halten.

Sommerblumen: Ausser Gemüse hat Susanne auch nutzbringende Sommerblumen ausgesät. Sie sind im Bauerngarten Zierde, halten Läuse fern, dekorieren Gerichte und reinigen den Boden von Wurzel-Älchen (z. B. Tagetes).

Gedanken zur Rasenpflege

Susanne mag ihren «wilden» Rasen. Jedes Kräutlein zeigt ihr, wie es um ihn steht:

- Wenn Breitwegerich auftaucht, ist die Grasnarbe stark verdichtet (festgetreten). Gesteinsmehl mit EM-Keramikpulver oder etwas Terra Preta-Bokashi übergestreut und leicht eingeharkt, lockert den Boden wieder auf.
- Gelber Hahnenfuss und Sauerampfer zeigen versauerte Erde. Eine Gabe Algenkalk tut gut.
- Gänseblümchen* (Bellis perenne) wachsen auf hungrigem Boden. Einen organischen Dünger mit EML einschwemmen.
- Löwenzahn wächst im fetten, stickstoffreichen Rasen. Hier nicht noch mehr düngen, dafür etwas Sand streuen und einharken (Boden abmagern).
- Pilzbefall (Schneeschimmel oder Hexenringe) breiten sich da aus, wo das Bodenmilieu gestört ist und eine Oxidation (Abbau) vorliegt. EML auf die befallenen Flächen gegossen bringt den Boden wieder in Ordnung.

Rasenschnitt: Das Mähgut vom ersten Schnitt (längere Halme) bokashieren und im Sommer - mit etwas Erde vermischt – als Düngung

Schneeschimmel bildet sich dort, wo das Bodenmilieu noch nicht in Ordnung ist.

Aktuell

Düngen: vererdetes Bokashi oder Bokashi-Pellets zwischen die Stauden ausstreuen.
EML-Gabe: Bei trübem Wetter oder abends 1-mal alle Staudenflächen und den Rasen überbrausen. Bei grösseren Flächen ist das Dosiergerät Aquamix am Schlauch eine praktische Hilfe.
Rasen vertikutieren, Lücken neu einsäen.
Sommerzwiebelblumen und Knollen pflanzen: Anemonen, Dahlien, Gladiolen, Holländische Iris, Montbretien, Nerinen, Ranunkeln.
Nadelgehölze pflanzen: Vor allem Lärchen, am besten im Frühling, kurz vor Nadelaustrieb.

Ein Rasen mit EM-Pflege entwickelt eine besonders dichte Grasnarbe.

auf Gemüsebeeten verwenden. Nächste Schnitte (kurze Halme) nicht abräumen, sondern liegen lassen und abends mit EML überbrausen. Regenwürmer holen sich über mehrere Nächte das Schnittgut in den Boden. Davon profitieren auch die anderen Bodenlebewesen. So verarbeitet eine vielfältige Bodenmannschaft das eiweissreiche Gras zu Dünger, der über die Mikroben an die Graswurzeln wieder zurückgegeben wird. Das ist einer der vielen natürlichen Kreisläufe des Lebens.

Einladung zur Dangoparty.

Wasserleben: Kaulquappen und Schnecken finden mit Algen und Wassermoosen einen reich gedeckten Tisch. Libellenlarven und Molche lauern auf Beute. Wurde eine EM-Behandlung im März verpasst, wachsen die Algen rasant und sollten vor einer Impfung mit Effektiven Mikroorganismen abgefischt werden. Aber das ist jetzt nicht möglich, ohne die Bewohner der grünen Masse zu stören.

Wie wäre es mit einer Dango*-Party? Die gröbsten Algenplacken herausfischen und alles Kleingetier darin von Hand herauslesen und wieder dem Wasser übergeben ist eine ziemlich langwierige Arbeit. Zusammen mit Freunden oder Kindern wird es zum Ereignis besonderer Art, zu dem auch noch Dangos (EM-Bällchen) produziert und ins Wasser versenkt werden. Zum Abschluss gibt es ein feines Picknick mit ersten Salaten und Radieschen aus

1 Wasserschnecken und Kaulquappen nagen an den Algen …

2 … Molche lauern auf Beute.

3 Algen abfischen und Wasserkleintiere herauslesen.

4 Dangos kneten und formen macht den Grossen wie den Kleinen Spass.

5 Den Grossteil der Dangos am Biotoprand einlegen, ein paar in die Mitte des Wassers werfen.

Im April erwacht das Leben im Teich und drum herum.

dem Frühbeetkasten. Die Kräuter dazu könnten die Gäste beim Gartenrundgang sammeln.

Dangos: Magerer Lehm (aus Baugruben) oder Getreidekleie, Gesteinsmehl, Keramikpulver und EMa so arteigen, dass damit Bällchen geformt werden können. Man rechnet 4 bis 6 Dangos pro Kubikmeter Wasser. Für 50 EM-Bälle ungefähr

- 15 l Gesteinsmehl (Biolit oder Zeobas)
- 5 l magerer Lehm und Getreidekleie
- 1 kg EM-Keramikpulver
- ca. 5 l EMa

Gesteinsmehl und Keramikpulver vormischen. Lehm und Kleie zugeben und mit EMa zu einer formbaren Masse verkneten.

Balkon- und Zimmerpflanzen

Unsere mobilen Pflanzenbegleiter haben den Winter im geschützten Raum gut überstanden. Nun möchten sie wieder an die frische Luft. Bei warmem Wetter können sie sich in einer windgeschützten Ecke an das Frischluftbad gewöhnen.
Tipp: Pralle Sonne meiden, das könnte die jungen Blättchen verbrennen. In kühlen Nächten mit einem Vlies ummanteln.

Alle Pflanzen wöchentlich mit einer EML (10 ml pro 1 l Wasser) giessen oder übersprühen. Die Blätter glänzen und setzen kaum noch Staub an. Ein paar Keramikröhrchen in der Giessskanne machen das Leitungswasser für Pflanzen weicher und bekömmlicher. Pro Vegetationsperiode 2-mal 1 Teel. EM+U leicht in die Topferde einhäckeln.
Hydrokulturen: In das Wasserreservoir ein paar EM-Keramikpipes einlegen (pro Liter Gefässvolumen 5 Pipes). Mit Wasser auffüllen (1 ml EMa pro 1 l Wasser zugeben). Die Pflanzen danken es mit gesundem Wuchs, das Wasser bleibt klar und wird nicht faulig.

Pflege mit EM: Sollen Zimmer-, Balkon- und Kübelpflanzen über Jahre trotz engstem Wurzelraum vital bleiben und uns mit wohltuendem Grün oder mit überschäumendem Blütenfest beglücken, ist ein stattlicher Vorrat an Nährstoffen wichtig. Ein Zuviel sollte es wiederum auch nicht sein, denn Düngen heisst in erster Linie den Boden beleben. Wenn das Wurzelwerk mit den Nährstoff-Aufbereitungsdiensten der Effektiven Mikroorganismen unterstützt wird, werden Nährstoffe für die Pflanzen optimal aufgeschlossen.

Trauermücken werden mit gekauften Zimmerpflanzen eingeschleppt. Die kleinen Fliegen schaden kaum, aber ihre Larven saugen Wurzeln aus. Trockene Wurzelballen mögen sie nicht. Erste Massnahmen: Den Wurzelballen befallener Pflanzen eine Stunde ins Wasserbad stellen. Das nimmt den Larven die Luft weg. Anschliessend den Wurzelballen solange trocken halten, wie es die Pflanze verträgt.

Kübel bepflanzen

Eine Schicht Tonscherben, Lecca oder Kies für den Wasserabzug über das Bodenloch einlegen.

Als Trennschicht einen Vlies auflegen und Bokashi zu $^1/_5$ der Gefässhöhe einschichten.

Mit der vorbereiteten EM-Erde auffüllen (ab Seite 95).

Wurzelballen anritzen, um die Bildung neuer Wurzeln anzuregen.

Wurzelballen mit EM+U einstäuben.

Pflanze in den Kübel einsetzen.

Den Kübel bis zum Rand mit Erde auffüllen.

Den Zwischenraum gut mit Erde zustopfen.

Oberste Erdschicht leicht andrücken und glattstreichen. Zum Schluss die Erde mit EML gut einschwemmen.

Bärlauch heisst so, weil Bären nach dem Winterschlaf als erstes den Lauch aufsuchen, um ihr aufgezehrtes Vitalstoffdepot wieder aufzufüllen.

Rezepte

Die Lust auf Grünes bleibt ungebrochen. Endlich spitzelt auch der Bärlauch hervor. Seine Saison beginnt in milden Regionen und dauert in raueren Gegenden bis Mitte Mai. Wenn die Blätter zu derb geworden sind, schmecken immer noch die Blütensterne.

Annes[D] Bärlauchsaison geht bis zum Sommer und länger

Dass die Rezepte einfach sind, ist für Anne wichtig. Mit dem Saft aus der Pressung der Paste kann gleichzeitig das Salz hergestellt werden.

Bärlauchpaste für Suppen und Kartoffelpüree. Annes Hinweis: Je zarter der Bärlauch ist, umso besser lässt sich die Paste herstellen. Die gesammelten Blätter verlesen und in Wasser plus 1 % EMa waschen (Hygiene). Mit klarem Wasser nachspülen und in einem Sieb abtropfen lassen. Mengenangaben gibt es nicht. Ausser Bärlauch braucht's noch ein kalt gepresstes Sonnenblumenöl und etwas Salz (zur Konservierung). Die Blätter grob zerkleinern und im Mixer pürieren. Mit einer Kartoffelpresse den Saft aus dem noch etwas strohigen Bärlauch-Mus ausdrücken und kühl stellen. Er wird für das Bärlauchsalz benötigt. Das ausgepresste Mus mit Salz und Öl mixen. Die Paste sollte eine feste, cremige Konsistenz haben. Das Mus plus 1 EM-Keramikpipe in heiss ausgespülte und gut verschließbare Gläser füllen. Mit Pergamentpapier abdecken und darauf ein wenig Öl träufeln. Das Glas gut verschliessen. Die Paste hält im Kühlschrank viel länger als ein Pesto mit Nüssen und Parmesan. Wem diese Zutaten fehlen, mischt sie vor dem Essen ein.

Tipp: Eine Prise Paste reicht, um das Kartoffelpüree zu würzen und schick frischgrün zu färben. Das gleiche gilt für cremige Suppen, Butter und Quark. Der Kreativität sind keine Grenzen gesetzt.

Bärlauchkapern: Zu Käse oder Raclette einmal was anderes als Mixed Pickles oder eingelegte Zucchini servieren. Wenn Bärlauchblätter nicht mehr schmecken, weil der Oxalsäuregehalt zu hoch wurde, sind die Knospen mit langem Stiel begehrt. Einen Sud wie für Gewürzgurken zubereiten: Wasser mit Essig, Salz, Zucker, Senfkörnern, Lorbeerblatt, und/oder Pfefferkörnern je nach Vorliebe aufkochen und die gewaschenen Bärlauch-Knospen darin 5 Minuten mitköcheln. Heiss in Gläser abgefüllt hält sich die saure Leckerei sehr lange.

Tipp: Auch hier ist wieder Kreativität gefragt, dem Sud eine ganz persönliche Gewürznote zu verpassen.

Bärlauchsalz: Ein Kilo selber vermehrtes EM-Salz oder ein gutes Natursalz auf einem Backblech ausbreiten. Den ausgepressten Saft von der Paste darüber verteilen und am besten bei Sonne und leichtem Wind trocknen lassen. Dabei das Salz immer wieder wenden und durchmischen. Nach ein paar Stunden ist das Salz fertig. In gut verschließbaren Gläsern dunkel aufbewahren, damit es seine schöne grüne Farbe behält (Chlorophyll).

Tipp: Bei gekochten Speisen alle Bärlauch-Produkte erst zum Schluss einrühren, damit das typische, milde Knoblaucharoma erhalten bleibt. Zu lange erhitzt, verlieren sie ihre Gesundkräfte und werden bitter.

Alles Bärlauch: Paste, Kapern und Salz. Variante zu Kapern: Die Knospen von Schnittlauch verwenden.

Annes[CH] Grüne Sosse

Goethes Grüne Sosse enthält 7 verschiedene Kräuter. Es dürfen aber auch mehr sein. Die klassische Version wird zu gekochten Eiern gereicht. Diese Variante schmeckt köstlich zu Spargel (statt kalorienreicher Hollandaise) oder zu Pellkartoffeln aus neuer Ernte. Die Sauerrahmsosse wird nicht gekocht, ist im Nu fertig und behält alle Wertstoffe der Frühlingskräuter. Es eignen sich Erdbeer- und Himbeerblätter, alle Küchenkräuter, Bärlauch und Zwiebelgrün, Sauerampfer, wenig Brennnesseln, Radieschenblättchen (vom Ausdünnen zu dicht stehender Pflanzen) usw.

Statt der klassischen «Grüne Sosse» mal die Sauerrahmvariante ausprobieren.

- 1 Hand voll Kräuter
- 2 Becher Sauerrahm
- 1/4 Apfel
- 1 Teel. Ahornsirup
- eine Prise EM-Salz und frisch gemahlener Pfeffer.

Wenn in der Kräutermischung Liebstöckel fehlt, kann die Sosse mit etwas Curry abgerundet werden. Alles zusammen in einem Mixer pürieren und sofort servieren.

Notizen

Notizen

MAI

Die ganze Natur ist eine Melodie, in der eine tiefe Harmonie verborgen ist. Johann Wolfgang von Goethe

Nach der Kirschen- und Birnenblüte geht es mit den rosa überhauchten Blütenwolken der Apfelbäume weiter. Der Rosenkäfer wühlt sich durch die Rüschenröcke der Pfingstrosen. Maiglöckchen und Tulpen, Flieder und Blauregen blühen um die Wette.
War der April ein intensiver Gartenmonat, geht es im Mai mit neuen Aufgaben weiter. Im Wonnemonat füllen sich die Beete, haben Läuse Hochsaison, werden Pflanzenjauchen angesetzt und Wildkräutersalate aufgetischt. Die Gemüsesämlinge sind zu stattlichen Jungpflanzen herangewachsen. Im Frühbeetkasten schwellen saftige Salatköpfe. Balkonblumen sollen die Hausfassade schmücken. Im Mai wurzelt der Zimmerpflanzen-Nachwuchs fast von allein ein.

Gemüse

Kräftige Kohl- und Salatsetzlinge warten auf den Umzug ins Freie. Den strammen Tomatenpflanzen sind die Töpfe zu eng geworden. Auf die Eisheiligen* Mitte Mai ist kein Verlass mehr. Sie kommen irgendwann. Sie sind durch die Klimaerwärmung durcheinander geraten und ganz sicher dann da, wenn sie keiner erwartet. Wärmeliebende Gemüse hören nach einer kalten Nacht mit dem Wachstum auf und bleiben wochenlang im Schock.

Tipp: Für die Pflanzung kälteempfindliche Gemüse lohnt es sich, eine Wärmeperiode abzuwarten, die mindestens 5 Tage Sonnenwetter verspricht, selbst dann, wenn es erst Ende Mai oder Anfang Juni so weit ist. Die Pflanzen holen bei günstigem Wetter den Zeitverlust schnell wieder auf.

Beflügelt und voller Elan landen Läuse in unserem Garten, um übers Jahr verteilt bis zu 50 Generationen auf die Welt zu bringen.

Kein Mai ohne Läuse

Ein kalter Winter ist für die Überwinterung von Läuseeiern ideal und beschert uns im Mai eine Invasion. Sie sitzen am Salat, an Dicken Bohnen und Gurken. Hat sich eine Kolonie gebildet, entwickeln sich einige Läuse mit Flügeln und wandern aus – zu anderen Futterplätzen – um dort wieder Kolonien zu bilden. Das geht alles innerhalb ein paar Tagen. Forscher haben herausgefunden, dass sich geflügelte Läuse auch dann «das Weite suchen», wenn die Kolonie von ihren Feinden heimgesucht wird, z. B. von Marienkäfern, Florfliegenlarven oder Schlupfwespen. Pflanzen gehen wegen der kleinen Vampire nicht ein. Normalerweise überstehen sie den Angriff der Sauger. Schlimmer ist der von den Läusen ausgeschiedene Honigtau, auf dem sich Schwärzepilze entwickeln, die das Blattgrün schwächen. Eine andere Gefahr sind die durch Läuse übertragenen Viruskrankheiten. Läuse sind eine wichtige Eiweissquelle für die stets hungrige Vogelbrut.

Wo liegen die Grenzen, eine Kompanie Läuse zu dulden, auf ihre Frassfeinde zu warten oder sie mit dem Wasserstrahl abzuspritzen,

Bohnen 1 Stunde im EM-Keramikwasser vorquellen …

… noch nass in EM+U wälzen.

Kerne paarweise im Abstand von 15–20 cm legen.

Gemeinsam keimen sie leichter

von Hand abzustreifen und mit Brennnesseltee oder Gesteinsmehlstaub aktiv dagegen anzugehen?

Buschbohnen setzen: «Unsere Grossmütter liessen für die Saatgutgewinnung immer die erste und die letzte Bohnenpflanze einer Reihe stehen, weil sie dort über ausreichend Platz und Licht verfügen und sich zu kräftigen Samenlieferanten entwickeln», erinnert sich Susanne und macht es ebenso. Die ausgepuhlten Kerne kommen vor der Aussaat wie Erbsen für eine Stunde ins EM–Keramikwasserbad. So vorgequollen und noch nass werden sie in EM+U gewälzt. Diese Ummantelung hält Krankheitskeime ab und wärmt durch die Infrarotlicht ausstrahlende EM–Keramik. Es werden immer zwei Samen zusammen in die mit EM+U ausgekleidete Rille eingelegt. Der zuerst keimende Kern hebt die Erde an und erleichtert dem zweiten den Durchbruch, ohne Kräfteverschleiss. Zu Zweit geht es eben leichter. Der Abstand von 15 bis 20 cm zwischen den Bohnenpärchen ist ungewohnt weit. Bei zu dicht stehenden Pflanzen kommen Läuse.

«Bohnen wollen die Kirchenglocke. hören.» Das heisst, dass die Kerne nicht zu tief in die Erde versenkt werden dürfen.

Tipp: Vorsorglich noch einige Bohnen im Gewächshaus heranziehen. Die werden später in eventuelle Lücken gesetzt.

Warme Finken* für Tomaten

Mitte Mai, wenn Tomaten und Gurken ausgepflanzt werden, kann es vor allem in rauen Regionen zeitweise gefährlich kühl sein. Ein war-

Tomaten vertragen weder Kälte noch Nässe. «Unter der Haube» geht es ihnen bei Schlechtwetter besser.

mes Polster unter ihren Füssen vermeidet den Schock und den dadurch verursachten Wachstumsstopp. Zwei Wochen vor Pflanzung im geplanten Beet pro Setzling ein Loch ausheben. Die Aushuberde mit einer Hand voll zerkleinerten Brennnesselblättern und Küchenbokashi mit der Aushuberde mischen und das Loch damit wieder füllen. Obenauf eine Mulchschicht aus Beinwell- und Brennnesselblättern ausbreiten. Zur Pflanzzeit Ende Mai ist der Inhalt des Pflanzloches durch die Stoffwechselarbeit der Effektiven Mikroorganismen schön warm. Die Nährstoffe in diesem Depot wurden in dieser Zeit in eine für Pflanzen verfügbare Form umgewandelt.

Tipp: Den gleichen Vorgang auch bei Gurken, Kürbis und Zucchini anwenden.

Susannes EM–Tomaten strotzen vor Energie.

Tomaten pflanzen: Sie lieben es warm und sonnig, einen nahrhaften Boden und in der Wachstumszeit regelmässige Wassergaben. Die Pflanzen bis auf den Wipfel entblättern und fast horizontal in die Erde einbetten. Es schaut nur noch der Blattschopf aus dem Boden. Die Tomate bildet auch am erdbedeckten Stängel Wurzeln. So kann die Pflanze mehr Nährstoffe aufnehmen und hat einen festeren Stand, denn ihre Früchte wiegen schwer. Beim Giessen darauf achten, dass die Blätter nicht benetzt werden und keine Pilzsporen der gefürchteten Braunfäule vom Boden zu den Blättern aufsteigen können.

Tipp: Einen leeren Tontopf als Giesstrichter an den Fuss des Wurzelballens einsenken. Er lenkt das Wasser ohne Verlust gezielt an den Ballen, ohne die Blätter einzunässen.

Ein «Giesstrichter» leitet das Wasser ohne Verlust direkt in den Wurzelbereich.

«Hätschelkinder» abhärten

Jungpflanzen bei mildem Wetter an einem geschützten Platz an der Hauswand aufstellen.

Tipp: Sie können bis zum Pflanztermin draussen campieren, wenn sie in kühlen Nächten mit Vlies überdeckt werden.

Kälte regt Gemüseblüten an: Irgendwann im Mai oder erst Anfang Juni werden wir jedes Jahr von einer Kältewelle überrascht. Wird es danach wieder warm, bedeutet es für Zweijährige*, dass nach dem «Winter» wieder Frühling ist und die Zeit für die Samenbildung kommt. Zu den Zweijährigen gehören Petersilie, Karotten, Fenchel, Sellerie und Kohl. Die Jungpflanzen überspringen einfach ein Jahr und blühen, statt Rüben, Knollen oder Köpfe auszubilden. In solchen unterkühlten Phasen helfen kurzfristige Verpackungen aus Vlies oder Folie, um keine vorzeitige Blühphase zu induzieren.

Afrikanisches Basilikum ist sehr würzig. Es hat im Gewächshaus überwintert. Seine Stecklinge sind gut durchwurzelt.

Zucchini werden paarweise gesetzt, damit sie sich gegenseitig befruchten.

Mit EML angiessen: Zur Erdanbindung die Wurzelballen gut einschwemmen.

Beinwell tut mit seinem Kaligehalt dem Sellerie gut.

Aktuell

AUSSAAT IM FREILAND

Einjährige Kräuter wie Basilikum, Boretsch, Dill, Estragon, Kerbel. Schossfeste Sommersorten von Fenchel und Kopfsalat. Chinakohl, Gurken, Kresse, Schnittsalate, Kohlrabi, Kürbis, Rote Beete, Radicchio, Radieschen, Rettich, Rukola, Karotten, Schwarzwurzeln, Zuckermais, Zucchini. Einen 2. Satz Blumenkohl und Brokkoli. Spätgemüse: Chicorée, Mangold, Winterlauch.

PFLANZEN

Ab Mitte Mai Kräuter mit Topfballen: Estragon, Majoran, Petersilie, Schnittlauch, Dill. Ausserdem Auberginen, Basilikum, Blumenkohl, Brokkoli, Fenchel, Gurken, Kohlgewächse, Kürbis, Lattich, Melonen, Paprika, Sommerlauch, Sellerie, Tomaten, Zucchini.

PFLEGEN

Karotten und Radieschen am Abend auslichten (Möhren- und Rettichfliege sind dann nicht mehr aktiv). Erbsen und Frühkartoffeln anhäufeln. Schnecken einsammeln. Vor kühlen Nächten junge Pflanzen mit Vlies schützen.

ERNTEN

Erste Salate aus dem Gewächshaus oder Frühbeetkasten. Vom Beet: Frühlingszwiebeln, Knoblauch, Radieschen, Rhabarber, Spinat, Spargel, Winterblumenkohl.

Pflanzenjauche aus Brennnessel und Beinwell ist die klassische Jauche und enthält ausser Stickstoff und Kali riesige Mengen an Vitalstoffen. Der Kräuteransatz braucht 2 bis 3 Wochen für den Gärungsprozess. Die Jauche für die Nachdüngung der Gemüse ab Mitte Juni jetzt ansetzen.

Beinwell fördert durch seinen Kaligehalt die Knollenbildung von Sellerie. Im Hochsommer

- 200 ml Jauche mit 10 l Wasser verdünnt giessen.

Brennnessel ist Stickstoffpower inklusiv jede Menge Gesundstoff.

Ackerschachtelhalmjauche enthält viel Kieselsäure, welche die Zellwände der Pflanzen härtet und somit Pilze nicht eindringen können.

Brennnessel ist ein richtiges Powerkraut mit vielen Gesundstoffen.

Arbeitsablauf Pflanzenjauche

Brennnesseln vor der Blüte klein schneiden und ins Fass füllen: ca 1 kg Kraut pro 10 l Wasser.

Eine ausgediente Damenstrumpfhose als Sieb ins Fass einspannen. Das hält die Feststoffe der Jauche zurück.

… dann pro Liter Wasser 3 EM-Keramikpipes und/oder Gesteinsmehl mit EM-Keramikpulver ins Fass geben. Ein Schuss EM wertet die Jauche zusätzlich auf.

Wasser auffüllen und täglich umrühren. Deckel lose auflegen. Nach ein paar Tagen setzt die Gärung ein (Schaumbildung) und es beginnt zu riechen …

Wenn es nicht mehr schäumt, ist der Gärungsprozess beendet (2 bis 3 Wochen): Ein wertvoller Flüssigdünger, fast zum Nulltarif.

Zum Giessen pro 10 l Wasser 200 ml Jauche zufügen.

Keine Bitterkräuter wie Wermut oder Rainfarn vergären, weil sie das Wachstum hemmen. Die beiden Kräuter sind als Teeaufguss gute Mittel gegen Pilzbefall.

Rückschnitte von Tee- und Heilkräutern sind wertvolle Pflanzenstoff-Lieferanten.

Während der aktiven Phase den Fassdeckel oder ein Fliegengitter nur lose auflegen, damit keine Vögel oder Kleintiere hineinpurzeln.

Tipp: Mit eingelegten EM-Keramikpipes kippt die Jauche nicht in Fäulnis über. Stechmücken fehlen die Fäulnisinformationen und legen keine Eier ab. Es stinkt weniger.

Kohlgewächse brauchen mehr Nährstoffe als andere Gemüse.

Pro Kohlpflanze wird ein Loch ausgehoben und mit der selbst hergestellten Düngermischung aufgefüllt.

Den Wurzelballen vor Pflanzung mit EM–Keramikpulver einstäuben. Das garantiert gutes Wachstum.

Mit dem Pflanzholz ein Giessloch schräg zum Wurzelballen stechen und mit EMLfüllen.

Brennnesselsamen können nur dann keimen, wenn sie einen Gärungsprozesss durchlaufen haben. In Hühnerhöfen gibt es deshalb so viele Brennnesseln, weil dem Futter auch deren Samen beigemischt werden, den die Hühner besonders gern aufpicken. Die Körner werden im Verdauungsprozess des Federvolks fermentiert und – auf ideale Weise zur Keimung vorbereitet – wieder ausgeschieden. Bei der Jauchevergärung passiert der gleiche Vorgang und die Samen würden ebenso zu 100 Prozent keimen. Deshalb Brennnesseln zur Verjauchung unbedingt vor Blüte- und Samenansatz schneiden.

Mulch aus Beikräutern: Ungebetene Gartengäste breiten sich zwischen den Aussaaten aus. Diese Kräuter haben die Aufgabe, der Erde das zu geben, was noch fehlt oder ein Zuviel an Stickstoff aufzunehmen und sorgen somit für ausgeglichene Bodenverhältnisse.
Tipp: Es macht Sinn, die gejäteten Kräuter als wärmenden, Wasser speichernden Mulch auf dem Beet zwischen den Reihen liegen zu lassen, solange sie noch keinen Samen angesetzt haben.

Kohl braucht Kalk

Wegen der gefürchteten Kohlhernie sollen Kreuzblütler nur alle 7 Jahre auf dem gleichen Platz angebaut werden. Aber wer hat schon soviel Garten, dass die Kohlvielfalt immer neue Beete beziehen kann?
Tipp: Die Krankheit ist ein klares Indiz für Calziummangel. Darum versorgt Susanne Schütz ihre späten Kohlarten mit Algenkalk und EM. Sie umgeht damit die empfohlene, strenge Fruchtfolge.

Susannes Düngermischung für Kohl:

- 10 Hand voll gut gereiftes Bokashi oder EM- Kompost
- 1 Hand voll Steinmehl (Biolit mit EM)
- 1 Hand voll Korallenalgenkalk (schnell verfügbar)
- 1 Hand voll organischer Dünger (vorfermentiertes Hornmehl).

Alles gut miteinander vermischen.

Kohl pflanzen: Damit der Abstand von 50 bis 60 cm in der Reihe eingehalten und die Erde schnell beschattet wird, könnten kurz dauernde Kulturen wie Schnittsalate oder Spinat die Bodendeckung übernehmen.

Kartoffelkäfer: Der hübsche Gast aus Mexiko legt seine Eier auf die Blattunterseite der Stauden ab. Nach 5 Tagen schlüpfen bereits die hungrigen Larven. Es kommt vor, dass benachbarte Kartoffelfelder von den Käfern heimgesucht werden und das EM-Feld nicht angerührt wird, denn der Käfer wählt nur geschwächte Pflanzenbestände aus. Mögliche Ursache: Äcker, mit stinkigem Mist beschickt, senden Signale der Fäulnis aus.

Kartoffelkäferlarven mit unstillbarem Hunger.

Kartoffeln mehrmals «bis zum Kragen» anhäufeln.

Ein gesundes Kartoffelbeet, wie man's sich wünscht.

Tipp: EM+U über die Blätter gestäubt, nimmt den Larven ihren unbändigen Appetit. Brennnesseljauche verabscheuen sie.

An beiden Enden der Kupferstreifen einen 6 cm tiefen Schlitz einschneiden (halbe Streifenbreite).

Kartoffeln anhäufeln

Die Knolle braucht Luft im Wurzelraum. Der erste Pflegegang ist, wenn sich die Triebspitzen zeigen. Die Beikräuter oberflächlich abschaben und zugleich die Erde zum Wall hochziehen. Das Kartoffelkraut kann sogar bei drohender Kälte mit Erde überdeckt werden. Wenn die Pflanzen 10 cm hoch sind, werden sie bis zum Blätterkragen hinauf angehäufelt.

Tipp: Kartoffeln bilden auch am Stängel Wurzeln (je mehr Wurzeln vorhanden, desto mehr Knollen).

Schnecken mögen kein Kupfer. Sie meiden es, wie der Teufel das Weihwasser, weil es für sie Gift ist. Ihr Schleim geht mit dem Kupfer anscheinend eine Verbindung ein, die sie nicht vertragen. Dünnes Kupferblech in Streifen von 60 cm Länge und 12 cm Breite schneiden und zum Rohr biegen. Als Kragen über die «Schneckenpflanzen» gestülpt und 3 cm tief in die Erde gedrückt, bleiben die Salat– und Kohlpflanzen und andere Lieblingsspeisen verschont.

Als Kragen über die Pflanzen stülpen.

Eine bunte Gemüsevielfalt hat ihren Platz im Garten eingenommen. Das Insektenschutznetz nutzt Susanne zur Beschattung für frisch Gepflanztes ein. Lauchmotte und Möhrenfliege kommen in ihrem Gemüsegarten nicht mehr vor.

Die Manschetten bis zu 3 cm tief in den Boden drücken.

Warum denn warten Tag für Tag. Es blüht im Garten, was blühen mag. Klaus Groth

Obst und Beeren

Der beste Zeitpunkt für eine Veredelung ist der April. Hinweise für eine Veredelung bei einem Fachmann oder in der Fachliteratur einholen.

Je besser der Boden belebt ist, desto mehr Ertrag ist zu erwarten. Das ist sicher ein wichtiges Kriterium. Mit EM-Pflege reift nicht nur ein höherer Ertrag heran. Die Gehölze sind vitaler, die Früchte mit optimalem Gehalt an «Lebensstoffen».

Edelreiser pfropfen: Das Obst steht voll im Saft. Es ist ein günstiger Zeitpunkt, eine Wunschsorte zu pfropfen. Das klappt gut, wenn das gelagerte Edelreis vom Winterschnitt bis jetzt nicht ausgetrieben hat und nicht vertrocknet ist (Seite 55). Das Edelreis bis auf 4 bis 5 Augen einkürzen. Der vorgesehene Ast wurde bereits beim Winterschnitt markiert. Jetzt wird dieser Ast auf 10 cm abgeworfen und das Reis zwischen Rinde und Kambium eingeschoben. Alles gut umwickeln, damit es Halt findet. Wenn die Knospen des Reises schwellen, ist es mit dem Saftstrom des Baumes verbunden und wächst ein.

Tipp: Die Astwunde mit einer EM-Keramikpaste einstreichen (Seite 69).

Pflegespritzung im Frühjahr bei Obst (pro 10 l Spritzbrühe): 800 ml EMa + 50 ml EM-Keramikpulver + 50 ml Biolit ultrafein, Zeobas oder Nourivit. Bei Befallsdruck zusätzlich 50 ml EM-Keramikpulver und 50 ml EM5. Die Zutaten vorweg mit etwas EMa verrühren und in die Spritze geben, mit Wasser auffüllen. Boden und die Blätter der Obstgehölze gut benetzen.

Weinreben: Mit einer zur Sonne ausgerichteten Exposition ist die UV-Bestrahlung besonders intensiv. Essigbehandlungen können den empfindlichen Neutrieb verbrennen.

Tipp: Spritzungen mit EM-Präparaten sind milder als Essigmittel und schädigen das Laub nicht. Wenn der Boden der Reben mit EM in Ordnung gebracht wird, wachsen die Stöcke energiereicher. Das überträgt sich auch auf die Traube.

Ein Marienkäfer am Austrieb der Rebe – auf Läusejagd?

Erdbeeren: Gehäckseltes Schnittholz oder Stroh unter die Stauden legen. Der Fruchtansatz hat keinen Erdkontakt und bleibt trocken.

Tipp: Bei Stroh darauf achten, dass es nicht mit Wuchshemmstoff behandelt wurde. Diese Hormone kommen bei der Verrottung in den Boden und wirken weiter.

Beeren: Sträucher brauchen jetzt nochmals eine Düngergabe, denn sie haben ausser Fruchttrauben auch neue Triebe gebildet. Ein Zuviel an Grünholz wird jetzt schon ausgelichtet, um den Beeren alle Kraft für die Fruchtreifung zu lassen und damit die Beeren besser besonnt werden.

Tipp: Ein Mulchmix aus Grasschnitt und etwas Gehölzhäcksel, mit EM+U überstäubt und von EML durchtränkt, bringt gesunden Wuchs und sorgt für ein optimales Aroma.

Blumen – Gehölze – Biotope

Gemüse und Obst mobilisieren alle Energie für das Wachstum. Im Blumengarten ist das nicht anders. Hat es im April noch so ausgesehen, als ob der Winter Lücken in die Stauden gefroren hat, traut man im Mai seinen Augen nicht, so fulminant wird jedes Plätzchen fast über Nacht mit wucherndem Grün gefüllt. Natürlich freut das nicht nur das Gärtnerherz. Vögel kommen unaufhörlich, um für ihre Brut allerlei Eiweisskost zu holen. Raupen und vor allem Läuse haben den Tisch für das gefiederte Jungvolk üppig gedeckt.

Eine der vielen Ursachen für lausige Zeiten: Rosen und Weinstöcke am Haus leiden oft unter Wassermangel. Das bedeutet, dass auch weniger Nährstoff aufgenommen wird. Durst und Hunger schwächen die Immunkräfte und bieten Pilzen wie Mehltau und Rost oder eben Läusen ein einladendes Milieu. Susanne beugt zur Austriebzeit mit reichlichen Wassergaben mit EM vor (200 ml EMa auf 10 l Wasser). Trotzdem stellen sich Jahr für Jahr einige Läuse ein. Es ist eben «ihre» Zeit. Bei trockenem Wetter wird mit Gesteinsmehl plus EM-Keramikpulver gestäubt. Das ist Sand zwischen den Läusezähnen. Die zarten Triebe und Knospen werden gemieden. Und was macht man bei nassem Wetter?

Ende Mai blühen Sibirische Iris und setzen den Sitzplatz in Szene.

Tipp: In Regenzeiten vergrault Susanne die ungebetenen Gäste mit Bittertee aus Wermut oder Rainfarn. Für 5 l Spritzbrühe

- 40 °C warmer Bittertee
- 1 Essl. Schmierseife (als Haftmittel) anrühren und noch warm über die neuen Triebe sprühen.

Die Läuse lassen sich sofort fallen. Haben sie sich vom Schreck erholt und krabbeln wieder zum saftig-süssen Grün hinauf, ist dieses ungeniessbar, weil es – o weh – durch den Tee nun gallebitter schmeckt. Ergebnis: Die Läuse verziehen sich.

Kein Mai ohne Läuse. Sie scheiden den eingesaugten Stickstoff als zuckrigen Honigtau wieder aus.

Bei gutem Wetter stäubt Susanne ein EM+U. Das ist für Läuse wie Sand zwischen den Zähnen.

Rasenschnitt recyclen heisst regelmässig mähen. Je kürzer der Halm ist, umso besser. Dieser Schnitt muss nicht entsorgt werden, weil er einfach liegenbleiben kann. Wenn das Bodenleben intakt ist, wird der angewelkte Halm von unseren grossartigen kleinen Helfern verzehrt. Ihre Ausscheidungen aus diesem Stoffwechsel sind pflanzenverfügbare Nährstoffe und werden den Gräserwurzeln wieder zur Verfügnung gestellt. Das ist Recycling der Natur.

Tipp: Eine sehr technische, aber auch pfiffige Hilfe sind Rasenroboter. Ständig «auf Achse» schnippeln sie unentwegt jeden zugewachsenen Millimeter der Halme auf die gewünschte Höhe ab.

Ein EM gepflegter Rasen bleibt dicht

Buchs: Im Mai ist ein «Haarschnitt» fällig. Junge Triebe vom Buchs lassen sich im Mai am leichtesten herunter schneiden, weil sie noch weich sind. Im Juli kommt der Sommerschnitt dran. So behalten die Formgehölze immer eine gute Figur.

Tipp: Nur bei trübem Wetter schneiden, denn das Laub unterhalb des Schnittes ist keine Sonne gewöhnt und würde verbrennen. Eine Spritzung mit EMa plus Nourivit verhindert, dass Krankheitskeime in die Blattwunden eindringen.

Kranker Buchs: Die Beete in Susannes Bauerngarten sind nach alter Tradition mit Buchs umrandet. Der sah seit dem Herbst nicht mehr gut aus. «Nach vielen Jahren vergreist auch mal ein robustes Holz wie der Buchs und muss erneuert werden», dachte Susanne. Aber der Frühlingsschnitt

Buchs formen: Eine Folie auslegen, die das Schnittgut auffängt.

1 Die alten Buchs-Beet-umrandungen wurden vom Pilz Cylindrocladium buxicola heimgesucht.

2 Was keiner zu hoffen wagte: Es grünte wieder, nachdem Susannes Mann wöchentlich mit EM-Lösung spritzte.

3 Juli: Der todgeweihte Buchs hatte sich nach mehrmaliger EM–Behandlung vollständig erholt.

brachte es an den Tag. Der Pilz Cylindrocladium hat die greise Umrandung so stark befallen, dass nach dem Maischnitt nur noch laubloses Gezweig übrig blieb. Susannes Mann fürchtete die Rodungsarbeit und Neupflanzung und liess sich Zeit. Mit jeder EML-Gabe fürs Gemüse wurde auch der Buchs ausgiebig bedacht. Nach 2 Wochen spross neues Grün, nach weiteren 4 Wochen sah man vom Schaden nichts mehr. Das war wieder eins der vielen AHA-Erlebnisse, wie sie Susanne mit EM seit Jahren erlebt.

Ein Biotop kann sich nach erster EM-Behandlung bräunlich verfärben. Das ist ein Zeichen für die Aktivität der Effektiven Mikroorganismen. Nach ein paar Tagen ist das Wasser wieder klar.

Wasser: Ein neu angelegtes Biotop wird mit Leitungswasser gefüllt. Es ist keinerlei Leben vorhanden und es braucht lange, bis sich das ökologische Gleichgewicht einstellt. Durch Niederschläge werden aus der Umgebung viele Salze (Phosphate und Stickstoffverbindungen, usw.) in das Teichwasser geschwemmt. Das ausgleichende Mikrobenleben fehlt. Das Wasser verkommt zur trüben Suppe und lässt eine Besiedelung von Wasserkleintieren nur zögerlich oder gar nicht zu. Eine Bepflanzung auf $^1/_5$ der Fläche mit Sauerstoff anreichernden Gewächsen wäre die erste Massnahme. Die Pflanzen bringen mit ihrem Wurzelballen auch die ersten Kleinlebewesen mit.

Tipp: Mit EM–Behandlungen klärt sich das Wasser zusehends. (Mengenangaben auf Seite 42)

Balkon- und Zimmerpflanzen

Im Mai werden das Haus und der Balkon mit Sommerblumen verbrämt, und alles sieht gleich viel freundlicher aus. Soll der Schmuck bis zum Herbst durchhalten, ist die Qualität der Erdmischung ein wichtiger Faktor. Es gelten die gleichen Voraussetzungen, wie sie bei der Kübelbepflanzung im Monat April auf Seite 109 beschrieben werden. Ganz gleich, ob eine gekaufte oder selbst hergestellte Erde verwendet wird: Ein Zusatz mit Bokashi, EM-Keramikpulver und EML hilft in jedem Fall, den vorhandenen Nährstoffvorrat für Pflanzen besser aufzuschliessen. EM+U verbessert die Krümelstruktur und erhöht die Wasserspeicherkapazität der Erde. Eine Pflanzenkohlestreu bietet den Effektiven Mikroorganismen Ankerplatz. Sie speichert enorm viel Wasser und stabi isiert die Erdstruktur.

Balkonkästen füllen: Wenn möglich, eine Erde wie auf Seite 95 beschrieben drei Wochen vor dem Pflanztermin in die Kästen füllen. Wird der Kasten direkt vor Pflanzung gefüllt, geschieht es im gleichen Schema wie bei der Kübelbepflanzung. Auf die Wasserabzugslöcher eine Tonscherbe legen (mit der Wölbung nach unten).
Füllung: 1. $^{1}/_{5}$ der Kastenhöhe mit Erde

Die Sarazena pupurea darf nicht gedüngt werden, weil sie sich von Insekten ernährt.Dem erdelosen Substrat im Topf eine EM-Keramikpipe beifügen. Die Fangschläuche ab und zu mit Regenwasser befüllen oder pro 100 ml Wasser einen Tropfen EMa und eine EM-Keramikpipe beigeben.

1 Man sieht im unteren Drittel deutlich die Bokashischicht (hell).

2 Nach knapp 3 Wochen haben die Wurzeln das Bokashidepot «erobert». Laub und Blüten haben sich prächtig entwickelt.

2. 1/5 der Kastenhöhe mit frischem Bokashi oder einem gekauften Düngerbokashi
3. Die restlichen 3/5 der Kastenhöhe mit Erde.

Wenn Zimmerpflanzen Kinder kriegen: Einen Steckling einfach in ein Glas Wasser stellen und warten, bis er Wurzeln macht, gelingt nur bei den ganz unverwüstlichen Zimmergenossen. Die kritische Phase ist der Umzug von der «Wanne» in den Erdetopf, weil die glasigen Wurzeln leicht abbrechen und keine Haarwürzelchen gebildet haben. Sie müssen sich in der Erde erst auf eine andere Art Ernährung umstellen. Drum klappt der Wohnungswechsel nicht immer. Eine Bewurzelung in Erde von Anfang an ist für bodenständige Pflanzen in jedem Fall bekömmlicher. Die Arbeitsschritte sind auf Seite 89 beschrieben.

Für die Stecklinge eine magere Erde erwerben oder selber Erde mischen, denn Stecklinge machen in einer lockeren, mageren Erde lieber Wurzeln als in einer fetten und festen. Pro 10 l Substrat

- 5 l Gartenerde
- 3 l Sand
- 2 l Kokosfasern
- 1/2 Tasse EM+U

Für das Bokashi-Depot (im untersten Drittel des Topfes) frisches Küchenbokashi bereit stellen.

Tipp: Bei einer gekauften Erde nur EM+U beimengen.

Aromatherapie aus dem Kräutertopf

Ein Minibalkon, und sei er noch so klein, kann zur Aroma-Oase werden, voller Düfte und würzigem Grün. Vom Topf gezupft und direkt in die Salatschüssel gestreut ist es am gehaltvollsten und schmeckt unvergleichlich gut. Das gilt vor allem für die Gewürze wie Schnittlauch, Kresse, Petersilie und Basilikum. Tee aus Zitronenverveine (Aloysia tryphilla), Salbei und Pfefferminze entfalten aus frischen Blättern ein feineres Aroma als die getrockneten Pflanzenteile.

Tipp: Trotz geringem Erdvolumen halten die Pflanzen lange durch, wenn sie mit EML gegossen werden und ab und zu auch einen biologischen Flüssigdünger oder ein Düngerbokashi bekommen. Die Effektiven Mikroorganismen sind wichtig für den Aufschluss von Nährstoffen im Boden, aber kein Dünger.

Schnell fertig und lecker.

Rezepte

Kein Mai ohne Spargel und Wildkräuter. Der Anbau von weissem Spargel gelingt nicht in allen Böden. Die bleichen Stangen wollen einen durchlässigen, leicht humosen Sandboden. Ihre grünen Vettern sind da anspruchsloser und nehmen mit fast jedem Boden vorlieb, wenn er nur tiefgründig genug ist. Grünspargel wird Ende April bis Anfang Mai gepflanzt. Es dauert 2 Jahre bis er das erste Mal geerntet werden kann. Solange brauchen seine Wurzeln, um kräftige Triebe zu bilden. Die Wartezeit lohnt sich, denn der Grünspargel kann fortan 12 bis 15 Jahre geerntet werden. Dass Spargel auch noch gesund ist und unseren Körper samt seinen Schlacken sehr gut entwässert, erhöht den Genuss der zarten Sprossen.

Tipp: Beim Kauf darauf achten, dass er so frisch wie möglich ist. Er «knirscht», wenn die Stangen aneinander kommen, glänzt und angenehm duftet.

Spargel, schräg in 0,5 cm dicken Stäbchen geschnitten, wird schnell gar.

Die angebratenen Spargelstäbchen mit etwas Nudelwasser ablöschen.

Johannas[D] Spargel pikant

Das Gericht aus weissem und grünem Spargel ist schnell gekocht, sieht schön aus, schmeckt lecker und noch besser, wenn die Delikatesse mit EM-Pflege gewachsen ist.

- Spargel schälen, in schräge, 0,5 cm dicke Scheiben schneiden
- Olivenöl oder Kokosöl in der Pfanne erhitzen
- Spargelstücke anbraten

- Salz, Pfeffer, eine Prise Zucker und kleine Chilistücke beigeben
- zeitgleich Nudeln nach Wahl (Tagliatelle oder Penne) kochen
- Spargel mit etwas Nudelwasser ablöschen, damit eine leichte Bindung entsteht.

Die Teigwaren auf Tellern anrichten oder vorweg mit den Spargeln schon in der Pfanne mischen. Fertig.

Variante: Frisch gehobelter Parmesan und ein paar Rukola-Blätter über die angerichteten Teller verteilt, gibt dem Gericht eine besonders würzige Note.

Tipp: Für dieses Gericht kann auch Spargelbruch verwertet werden.

Vom Fundort direkt in den Salat: frischer geht's nicht mehr.

Susannes[CH] Wildkräutersalat

Ausser der Ernte aus eigenem EM-Anbau bezieht Susanne Lebensmittel aus biologischer Herkunft – die wenn immer möglich – mit EM-Einsatz produziert wurden.

Die ersten Blätter vom herzhaften Forellensalat und junger Spinat werden mit Wildkräutern vom Hof zur Kraftquelle. Mit einer einfachen Salatsosse kommen die Aromen der Kräuter gut zur Geltung:

- Apfelessig, etwas dunkler Balsamico
- Olivenöl und etwas Kürbiskernöl
- EM-Kräutersalz aus eigener Produktion
- etwas Honig
- Kerne und Samen nach Wahl, eventuell leicht angeröstet.

Die Zutaten von Essig bis und mit Honig zur sämigen Sosse aufschlagen und mit dem Salat mischen.

Tipp: Kleingeschnittene Wildkräuterteile und Blüten werden erst auf den angerichteten Salat platziert, damit sie ihren Geschmack nicht vorzeitig verlieren.

Apéro aus Garten, Wald und Wiesen

Ein nicht allzu sehr aufgeräumter Garten beherbergt so manches hübsches Beikraut. Die ausgezupften Blütenblätter von Gänseblümchen, Gundelrebe, Kleeblüten und Löwenzahn bringen Farbe. Ein paar Halme Schnittlauch symbolisieren Gras. Dazu pro Portion 1 bis 2 Salatblätter. Die Raffinesse liegt in der feinwürzigen Salatsosse, die gut aufgeschlagen über alles hinweg geträufelt wird:

- pro Person ein halbiertes Lasagne-Teigblatt
- 2 Essl. Rosmarinessig
- 2 Essl. Nussöl und 1 Teel. Honig

Magenöffner von Garten, Wald und Wiese, ganz edel angerichtet.

- Ausserdem eine Spur geriebene Zitronenschale und 1 Prise Salz.

Lasagneblätter im Salzwasser kurz kochen und ziehen lassen, gut abtropfen oder mit Küchenkrepp trocken tupfen und der Länge nach halbieren. In Kokosöl knusprig braten. Noch lauwarm mit klein gezupften Salatblättern und den Blüten locker belegen. Mit der Sosse überträufeln und mit EM-Salz überstreuen. Als intensiver Farbkontrast zum Grün passen frisch geraffelte oder gedörrte Rote Beete-Chips.

Tipp: Statt Rosmarinessig einen weissen Balsamicoessig und wenig Rosmarinpulver nehmen.

Wildkräuter, auf Susannes Hof gefunden: v. l. n. r: Kerbel, Feldstiefmütterchen, Gänseblümchen, Sauerampfer, Rotklee, Tripmadam, Spitz- und Breitwegerich, Schnittlauchblüten, Wiesenknöterich, Bärlauch, Giersch, Löwenzahn, Gundelrebe, Hopfenjungtrieb.

Notizen

Notizen

JUNI

Dem Fröhlichen ist jedes Unkraut eine Blume. Dem Betrübten ist jede Blume ein Unkraut.
Finnisches Sprichwort.

Die Sonnenstunden nehmen noch bis zur Sommersonnenwende zu. Iris und Rosen sind Solisten im Blütenchor und geben den Ton an. Rittersporne überschauen ihr Gartenreich mit blauen Blütenlanzen. Im Gemüsegarten gibt es auf bereits abgeernteten Reihen Platz für Folgesaaten. Das Blätterdach der Gemüse und Salate beschirmt den Boden. Balkonblumen überwallen mit 1000 Knospen und Blüten Kübel und Kästen. Die ersten Schwalbenschwanzraupen lassen es sich im Karotten- und Dilllaub schmecken. Nebst Spargel kommen Gourmetgemüse wie Kefen, Zuckererbsen, Kohlrabi und vielerlei Blattsalate auf den Tisch. Erdbeeren füllen die Dessertschalen, kombiniert mit Rhabarber. Das sommerliche Gartenfest beginnt, vielleicht unter einem blühenden Holunderbaum?

Gemüse

Der Juni beschert uns auch jede Menge Beikraut, alles will wachsen, auch unerwünschtes, weil die Natur dafür sorgt, dass es keine nackten Flächen gibt und die kostbare Krume nicht ausbrennt oder gar vom Wind verweht wird. Eine weitere wunderbare Gabe der Natur ist, dass sie Pflanzen wachsen lässt, die den Mangel an Mineralien und anderen Pflanzenstoffen im Boden ausgleichen können. Es geht sogar soweit, dass genau die Kräutlein in unserem Garten am meisten vorkommen, die der Gartenbetreuer dringend nötig hat: Spitzwegerich und Ackerschachtelhalm* für Knochen und Gelenke, Johanniskraut fürs Gemüt, Brennnessel für Nierenprobleme. Die Kräuter tun nicht nur der Erde (der Darm der Pflanze), sondern auch uns auf geniale Weise gut, wenn wir sie beachten. Einfach wachsen lassen, das geht nicht. In einem künstlich angelegten Naturreservoir, wie unser Garten es ist, wird sonst das von uns Gepflanzte von der Wuchskraft der Wildkräuter verdrängt. Alles rigoros auszumerzen bringt nichts. Die Lästlinge sind, kaum ausgerupft, schon wieder da. Diese Kräuter einfach in die Grünabfuhr zu bringen, weil sie ja gefährlich viel Samen ausstreuen, ist eine Sünde. Falls sie noch keinen Samen angesetzt haben, bleiben sie beim Jäten als Mulch liegen. Auf diese Weise können sie ihre für den Boden so notwendigen Stoffe an das Erdreich übergeben. Mit Samenansatz werden die «Bodenheiler» bokashiert und über diesen Umweg der Erde zurückgegeben.

Tipp: Ein Garten, der mithilfe der Effektiven Mikroorganismen alle lebenswichtigen Stoffe fürs Bodenleben und für Pflanzen zurückgewonnen hat, wird kaum noch Beikräuterprobleme haben. Die Aufgabe der (Un)kräuter ist erfüllt.

▲ Johanniskraut hat sich in die Rose eingewoben. Beide bringen Licht ins Gemüt.

▼ Hacken ist im EM-Garten nur noch ab und zu nötig. Die Erde ist krümelig und kann viel Wasser speichern.

«Hacken ersetzt 10 Kannen Wasser», heisst es im Volksmund. Ein bearbeiteter Gartenboden verschlämmt und verdichtet sich nach Regengüssen. Es kann das lebenspendende Nass gar nicht in dem Masse aufnehmen, wie es möglich wäre. EM-Erde dagegen bleibt krümelig und schluckt den Guss. Die Fähigkeit, Wasser zu speichern, wird mit der Zugabe von Pflanzenkohlestreu nochmals erhöht. Ein Boden, der diese Qualität erreicht hat, wird auch die Population der Beikräuter verändern. Wurzelbeikräuter wie Disteln, Quecken, Ackerwinden und Schachtelhalm, die mit ihren tiefgreifenden Wur-

Alle paar Tage Tomaten ausgeizen.

zeln verdichtete Böden aufbrechen wollen, gehen auf ein angenehmes Mass zurück. Der Boden muss nur noch sporadisch bearbeitet werden. Sobald das Blätterdach der Gemüse die Beetreihen abdecken, ist die Hackarbeit vorbei.

Tipp: Bis der ideale Zustand eines Bodens erreicht ist, braucht es normalerweise viele Jahre. Mit EM-Anwendungen, zusammen mit Terra Preta-Produkten, wird dieser Prozess effizient unterstützt, sodass die Durchlässigkeit des Bodens schon in 2 bis 3 Jahren erreicht werden kann.

Aktuell

AUSSAATEN

Unter Glas: Endivie, Kohlrabi, Winterblumenkohl, Zuckerhut.

Freiland: Chicorée, Dill, Fenchel, Kohlrabi, Radicchio, Rote Beete, Radieschen, Rettich. Nachsaaten von Kopf-, Eisberg- und Schnittsalat, Zuckermais. Letzter Satz Blumenkohl, Buschbohnen und Karotten.

PFLANZEN

Freiland: Blumenkohl, Bohnen, Brokkoli, Gurken, Kohlrabi, Kürbis, Kopf-, Pflück- und Schnittsalat.

Frühbeet, unter dem Tomatendach oder im Glashaus: Anfang Juni Auberginen und Peperoni.

PFLEGEN

Starkzehrende Gemüse mit Kräuterjauchen nähren. Ende Juni: Rhabarberstauden mit reifem EM-Mist düngen.

ERNTEN

Salat, Radieschen, Kefen, erste Erbsen, Kohlrabi, Spargel.

Auberginen und Paprika die erste Blüte abzwacken, damit sich nicht nur eine Frucht, sondern mehrere bilden.

Aussaaten von Herbstgemüse sichern den Wintervorrat

Wie oft passiert es, dass die Beete gefüllt sind, alles herrlich wächst und über diese Freude die Aussaat der Herbstgemüse in unserem Gedächtnis einfach gestrichen ist?

Die Salatpracht ist für den Schnitt bereit.

Grün- und Palmkohl Anfang Juni säen, wenn sie im Winter in den Kochtopf kommen sollen. Die Saatschalen werden wie für die Frühjahrssaaten vorbereitet (ab Seite 67).

2. Satz Karotten zwischen Zwiebelreihen säen. Spinat, der die Reihen zwischen den Zwiebeln abdeckte, wird geschnitten. Dieser Platz wird nun mit Karotten für die Herbsternte besetzt. Ihr Duft überdeckt den Zwiebelgeruch, sodass die Zwiebelfliegen die Kinderstube für ihre Maden gar nicht finden. Im Gegenzug halten Zwie-

beln die Möhrenfliege ab.
Tipp: Die Zwiebelröhren spenden den aufgehenden Karotten in der empfindlichen Keimungsphase lichten Schatten.

Folgesaaten von Sommerradieschen nicht vergessen. Die Nachbarschaft von Bohnen, Erbsen, Erdbeeren, Mangold, Petersilie und Kohl ist ihnen recht.
Tipp: Dem Salat halten sie ganz nebenbei die Erdflöhe vom Hals. Ein Platz neben Zwiebeln oder in Gurkennähe ist ihnen ein Graus.

Salat keimt kühl: Für den Sommeranbau schossfeste Sorten wählen. Der Samen keimt bei Temperaturen unter 20 °C am besten.
Tipp: Gut schattieren, bis sich die ersten Blättchen zeigen.

Wo haben Beetreihen noch Lücken? Auch im EM-Garten kann es vorkommen, dass hier und da eine Pflanze aus irgend einem Grund ausfällt. Einigen Bohnensamen ist es immer zu kalt und keimen nicht.
Tipp: Susanne hält im Gewächshaus für solche Lücken einen kleinen Vorrat Ersatzpflanzen bereit.

Ausser Kartoffeln bekommen auch Lauch, Karotten und Bohnen einen hochgestellten Erdekragen: Ein Kartoffelwalm für mehr Wurzeln. Für Karotten als Schutz vor der Möhrenfliege. Bei Bohnen für bessere Standfestigkeit. Bei Stangensellerie für zarte, gebleichte Blattstiele.

Zucchini lieben die Geselligkeit: Mit dem grosszügigen Gehalt an Eiweiss, Calcium, Kalium, Eisen, Folsäure und viel Vitamin C nehmen Zucchini den Gurken den Rang ab. Sie lieben die Nachbarschaft von Borretsch, Spinat, Stangenbohnen und Zwiebeln. Auf dem Beet tut ihnen ein wöchentlicher Guss einer Pflanzenjauche gut. Am Fuss eines Bokashi-Walms oder eines Kompostes zehren sie vom Sickersaft.

Bisher hat Spinat den Boden zwischen den Zwiebeln beschattet. Nun muss er der Karottensaat weichen.

Karotten in die ehemalige Spinatreihe säen. Die Saat mit dem Rechenrücken leicht andrücken.

Lücken im Bohnenbeet werden mit zusätzlich angezogenen Pflanzen geschlossen.

Je eine 50 cm lange Aussaatreihe für Folgesaaten reicht für die benötigte Anzahl Salat.

Zucchini neben anderen Kürbisgewächsen sichert die gegenseitige Bestäubung.

Kaum haben die Zucchini zu blühen angefangen, sind auch schon im Nu die ersten Früchte da. Sie schmecken bei einer Länge von 15 bis 20 cm am besten. Je fleissiger gepflückt wird, umso länger blühen und fruchten sie.
Tipp: Wenn Zucchini keine Früchte ansetzen, stehen sie womöglich zu weit auseinander und werden nicht bestäubt, weil Hummeln – statt zur nächsten Zucchini zu fliegen – von anderen Blüten abgelenkt wurden. Zwei Pflanzen dicht zusammen gesetzt, mit viel Platz zum nächsten Pflanzenpaar, garantieren die Bestäubung.

Bokashi-Düngerdepots für die ganz Hungrigen: Kartoffeln, Mais und Kürbisgewächse brauchen Nahrungsnachschub. Das passt zeitlich wunderbar, denn der erste Rasenschnitt vom Mai ist im Sack fertig fermentiert, auch der Küchenbokashi-Eimer muss geleert werden. Im Fermentierungsprozess verlieren die organischen Materialien ihre Farbe, aber die Struktur ist noch da. Es riecht säuerlich, ähnlich wie Sauerkraut und der pH-Wert liegt bei 3 bis 4 sehr tief. Die Wurzeln würden verätzen, wenn frisches Bokashi direkt in den Pflanzenbereich eingegraben würde. Deshalb diesen nahrhaften «Dünger» im Abstand von ca. 20 bis 30 cm von den Wurzeln entfernt in die Erde eingraben. Sobald das fermentierte Material mit Erde in Kontakt kommt, bauen die Bodenmikroben das saure Material innerhalb ein bis zwei Wochen in neutrale, pflanzenverträgliche pH-Werte um. Die Wurzeln der Gemüse erhalten das Signal von guter Kost und wachsen zielstrebig zu dieser Speisekammer hin.
Tipp: Das Depot gut mit Erde zudecken, damit Fuchs, Marder und Hunde es nicht wieder ausbuddeln, denn sie mögen Bokashi.

Ein mit Bokashi gefüllter Graben zwischen den Kartoffelreihen garantiert gesunde Pflanzen und reiche Ernte.

Das Bokashi-Depot gut zudecken, damit es weder von Hund noch Fuchs oder Marder wieder ausgebuddelt wird.

Kürbis erhält schon bei der Pflanzung ein Bokashi-Depot in Wurzelnähe. Das fermentierte Material vererdet sehr schnell.

Tee- und Gewürzkräuter müssen noch warten: Johanni ist allgemein der Zeitpunkt für die Tee- und Heilkräuterernte. Susanne dagegen wartet damit bis Ende Juli/Anfang August. Bis dahin haben die Kräuter Gelegenheit, ein grösseres Quantum an Lichtkräften einzufangen und sind für Vorräte gehaltvoller als an Johanni. Mit einem Rückschnitt Mitte Juni wird die Blüte um einen guten Monat verschoben. Durch die Verjüngung besteht auch weniger Gefahr für Pilzinfektionen wie z. B. Minzenrost. Das mineralienreiche Schnittgut bereichert den Kompost oder wird zu nahrhaftem Dünger verjaucht. Die krautigen Pflanzen wie Liebstöckel, Minze, einjähriges Bohnenkraut, Estragon, Majoran, Origanum, Zitronen- und Goldmelisse werden bis auf 10 cm Höhe eingekürzt, die noch weichen Triebe verholzender Arten wie Thymian, Salbei und Zitronenstrauch (Aloysia) gestutzt. Die Pflanzen verzweigen sich daraufhin besser. Auch Basilikum baut sich buschiger auf. Die Blüte wird verzögert und damit die Erntezeit verlängert.
Tipp: Goldmelisse setzt nach dem Rückschnitt die 2- bis 3-fache Blütenmenge an.

Grosse Blätter von Liebstöckel schmecken bitter. Auf 10 cm heruntergeschnitten, liefern die neuen Triebe wieder eine mildere Würze.

Johanniskraut ist eine Ausnahme. Es wird geerntet, wenn die Knospen Farbe zeigen und sich erste Blüten öffnen. «Bei einer Ernte in der Vollblüte wird das Öl nicht mehr so schön rot», verrät Susanne Schütz. Sie legt die ganze Blütendolde in ein kaltgepresstes Bio-Olivenöl ein, möglichst aus einem EM-Anbau. Das gibt es schon von Griechenland, Italien, Frankreich und Portugal.
Tipp: In der prallen Sonne wird das Öl schnell ranzig. Deshalb lieber im Halbschatten eine Woche länger reifen lassen. Feststoffe absieben und das Öl in kleine Fläschchen füllen. Kühl und dunkel aufbewahrt, hält es sich ein Jahr.

Sobald das Johanniskraut zu blühen beginnt, werden die Farbe zeigenden Knospen gepflückt, weil daraus das beste Rotöl entsteht, mit schönster Rotfärbung.

Käufliche Johanniskrautöle werden oft mit Mandelöl hergestellt, auf das inzwischen viele Menschen allergisch reagieren. Ein hochwertiges Olivenöl ist an sich schon ein Heilmittel und ergänzt die Wirkung des Johanniskrauts.

Die Rhabarberernte richtet sich nach den Erdbeeren: Das saure Gemüse wird oft als Obst eingeordnet, weil es paradoxerweise zu süssen Speisen verarbeitet wird. Der Oxalsäuregehalt ist in den jungen Stängeln noch gering, steigt aber bis zum Ernteschluss an und ist dann weniger verträg-

lich. Aus diesem Grund wurde der letzte Rhabarberschnitt pauschal auf den 21. Juni festgelegt. Das gilt nicht für rauere Regionen, in denen der Erntezeitpunkt später anfängt und aufhört.

Tipp: Ein sicheres Indiz für den Ernteabschluss bei Rhabarber ist, wenn die letzten Erdbeeren gepflückt wurden, da ja beide, Erdbeeren und Rhabarber, die gleiche Erntezeit haben. Sie dauert in klimatisch ungünstigeren Regionen bis in den Juli hinein.

Rhabarber düngen: die imposante Staude hat während der Ernte viel Kraft hergegeben. Die stattlichen Blüten fordern nochmals alles der Staude ab, um Samen anzusetzen. Wird die Blüte herausgeschnitten und die Staude mit einer Packung aus vererdetem Bokashi versorgt, kann sich der Rhabarber bis zur nächsten Saison erholen.

Um den Rhabarber zu schonen, wird der Blütenstand herausgeschnitten. Er würde zu viel Kraft und Nährstoffreserven aufbrauchen.

Sitzt die Schnecke erst mal im Salat, lockt sie kein Schneckenkorn mehr hervor. Bis ein Garten mit EM-Anwendungen aus der Fäulnis in den Aufbau zurückgeführt wird, kann es mehrere Jahre dauern. Solange sind auch die Schnecken unterwegs. Ferramol ist ein biologisch zugelassenes Schneckenkorn, das sofort nach einer Pflanzung ausgestreut werden sollte, möglichst auf dem Weg zum Salat und ganz dicht an der Pflanze, damit die Schnecken nicht vom zarten Grün abgelenkt werden. Ferramol ist blau gefärbt, weil diese Farbe für Vögel nicht attraktiv ist. Aber wie ist es mit anderen Schneckenjägern wie Igel, Laufkäfer und Blindschleichen? Diese Tiere gehen eher der Nase nach, weil ihre Augen nicht so gut ausgebildet sind. Am besten ist es, auf Schneckenkorn ganz zu verzichten und andere Massnahmen einzusetzen wie Kupferumrandungen (Seite 121). Das schont auch die nützlichen Arten wie die Grosse Egelschnecke oder die Weinbergschnecke.

Tipp: Weil bei Ferramol-Einsatz keine Schneckenspuren zu sehen sind, glaubt man gern, dass dieses Schneckenkorn nicht wirkt. Die Wirklichkeit ist, dass die Schnecken keinen Hunger mehr haben, sich bis zu ihrem Ende in der Erde verkriechen und deshalb keine Schleimspuren hinterlassen, wie man es beim Einsatz vom konventionellen Giftkorn her kennt.

Nächtliche Begegnung zwischen Spanische Wegschnecke und Grosse Egelschnecke. Ferramol-Schneckenkorn unterscheidet nicht, ob schädlich oder nützlich. Das blaue Korn wäre für beide die letzte Mahlzeit.

Blindschleichen sind gar nicht blind. Der Name der drahtigen «Schlange» kommt vom Blenden, weil ihr Körper so glänzt (blendet). Obwohl sie keine Beine hat, gehört die Schleiche zu den Echsen und lebt versteckt in naturbelassenen Ecken im Garten unter krautiger Pflanzendecke, Steinplatten, Holzbrettern oder Folien. Ihr Speisezettel ist recht umfangreich: Nacktschnecken, Regenwürmer, Asseln, Heuschrecken, Käfer, Blattläuse, Spinnen und Ameisen. Aber sie hat auch viele Feinde: Fuchs, Dachs, Igel, Ratten, Greifvögel, Krähen, Drosseln, grosse Laufkäfer und Erdkröten. Am meisten setzen ihr Katzen, Hunde, Hühner und Menschen zu. Sie gehört bereits zu den geschützten Arten. Am frühen Morgen und in der Abenddämmerung können wir sie manchmal auf warmen Steinplatten oder weichen Grasbuckeln entdecken. Zur Paarungszeit liefern sich männliche Tiere harte Revierkämpfe und verbeissen sich ineinander.

Männliche Blindschleichen verteidigen ihr Quartier vor Eindringlingen.

Tipp: Den Garten für die nützlichen und völlig harmlosen Tiere nicht zu sehr aufräumen und «wilde» Ecken anbieten.

Gurken lieben feuchtwarme Luft

Ein warmer, windgeschützter Platz, ein lockerer Boden, eine ordentliche Portion Nährstoff – aber auch nicht zu viel – und regelmässige Wassergaben: Das wären die idealen Bedingungen für gesunden und reichen Ertrag. Kaltes Giesswasser oder Trockenzeiten verbittern die Frucht. Kleinwüchsige Sorten für Essiggurken sind etwas robuster. Ist der Boden mit wärmendem Mulch oder einer Mulchfolie bedeckt, geht das Wachstum noch zügiger voran. Nach 6 Wochen können schon die ersten Gurken geerntet werden.

Tipp: Je früher man die Früchte pflückt, desto schneller werden neue gebildet.

Mulchpapier wärmt den Boden und hält Wildkraut ab. Die Pflanzen werden in einen eingeschnittenen Kreuzschlitz gesetzt.

Salatgurken haben Ansprüche. Im Glashaus im feucht heissen Klima bilden sie hoch aufgebunden innerhalb kurzer Frist einen richtigen Blätterdschungel. Mit rasantem Wachstum sind sie bald unters Dach geklettert.

Kultur: Normalerweise würden Salatgurken nach der Befruchtung durch männliche Pollen Bäuche voller Kerne bilden. Erwünscht sind aber Gurken mit viel

F1-Hybridsorten von Salatgurken tragen aussschliesslich weibliche Blüten. Sie bilden kaum Samen aus …

… denn die Schlangengurken sollen statt Kerne viel Fruchtfleisch haben.

Fruchtfleisch und ohne Samenbesatz. Die Züchtungen der F1-Hybridsorten tragen nur weibliche Blüten, die ohne Befruchtung Gurken mit wenigen Kernen entwickeln.

Tipp: Die ersten 8 Blätter und Blütenansätze entfernen. Ab da jede 2 Blüte stehen lassen. Erst ab 80 cm (ungefähr unsere Bauchhöhe) dürfen alle Blüten Früchte ausbilden.

Mulchpapier kommt bei Susanne für Kürbis, Gurken und Zucchini zum Einsatz. Es hält den Boden feucht und warm, Wildkräuter haben keine Chance. Es wird vor der Pflanzung von Zucchini und Kürbis ausgelegt. Das aus pflanzlichem Material hergestellte Papier hält dicht, bis das Laub der Kürbisgewächse den Boden lückenlos beschattet und ist bis zum Herbst verrottet.

Zu eng stehende Saaten von Rote Beete, Karotten, Radieschen und Rettich ausdünnen. Durchs Auszupfen duftet das Karottenkraut und lockt die Möhrenfliege von weitem an. Deshalb in der Abenddämmerung ausdünnen, weil dann die Möhrenfliege nicht mehr unterwegs ist.

Tipp: Die Wurzeln der verbliebenen Pflanzen wieder andrücken und alles mit EML giessen, damit sich die entstandenen Erdlöcher wieder schliessen.

Obst und Beeren

Kirschen reifen, Erdbeeren sind das Dessert des Monats, Obstgehölze brauchen für die Fruchtausbildung Nährstoff-Nachschub.

Die stärksten Jungtriebe der Himbeeren ausschneiden. Pro Laufmeter 10 bis 12 Ruten stehen lassen.

Aktuell

Wurzelaustriebe von Wildlingsunterlagen abnehmen.
Obst ausdünnen. Pro Blütenbüschel nur 2 Fruchtansätze stehen lassen, damit sie sich gut entwickeln können.
Starke Jungtriebe von Sommerhimbeeren entfernen. Erst die nächste Generation der Ruten stehen lassen: 12 Stück pro Laufmeter.
Him- und Brombeeren mit Topfballen pflanzen. Auf ausgeglichene Bodenfeuchtigkeit achten, sonst stockt das Wachstum der neuen Ruten.
Reben an der Pergola treiben mächtig aus. Es bilden sich viele «Geiztriebe», die aus den Blattachseln herausgebrochen werden sollten.

Als Lohn einer Lanzendüngung gibt es wunderbare Kern- und Steinobstbäume. Die Wurzeln eines Baumes reichen soweit, wie das Blätterdach breit ist (Kronentraufe). In dieser Zone befinden sich die aufnahmefähigen Haarwürzelchen. Die Bokashidepots werden aus-

Schema einer Bokashi-Lanzendüngung für Obstgehölze: Die Nährwurzeln eines Baumes befinden sich ausserhalb der Kronentraufe.

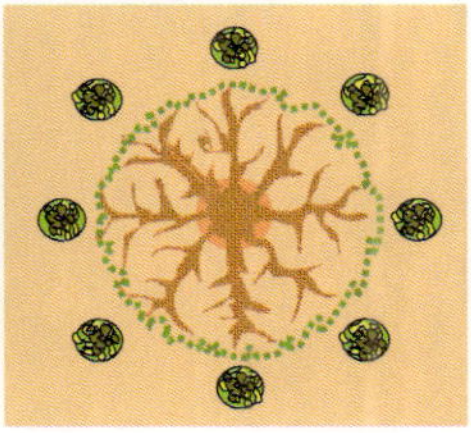

serhalb dieser Linie eingegraben. Der Baum bemerkt die Nährstoffkammer und schickt seine Feinwurzeln dort hin. Das Depot kann mit Beikräutern vom Jäten gefüllt werden. Auch Problemkräuter wie Giersch, Ackerwinde, Kratzdistel oder Quecke sind willkommen, denn sie werden durch die Bokashierung restlos verstoffwechselt. Löcher bis zu 2 Spaten tief ausheben:

- 2 bis 3 Stück bei Jungbäumen
- Mehrere Löcher mit 1 m Abstand bei grossen Bäumen.

Tipp: Mit dieser «Ergänzungsernährung» können auch gestresste oder erkrankte Bäume wieder erstarken, denn die Aktivität der Effektiven Mikroorganismen schiebt alles andere Bodenleben mit an. EM hilft bei der Umsetzung der anorganischen Stoffe zu organischen Formen mit, ein unterversorgtes Milieu wieder zu einem starken, gesunden aufzubauen.

Lanzendüngung

Es eignet sich jede Grünmasse. Selbst schlimmste Wurzel-Beikräuter wie Giersch oder Ackerwinde werden problemlos bokashiert.

Zuerst eine Rasenscheibe abstechen und zur Seite legen. Mit dem Spaten oder wie hier mit dem Erdbohrer ein Loch von mindestens 50 cm Tiefe ausheben.

Eine Schicht frisches Pflanzenmaterial oder bereits bokashiertes Material einlegen und feststampfen.

Das Füllmaterial (10 bis 15 cm hoch) mit EM+U überstreuen und mit etwas Aushuberde überdecken…

…mit EML begiessen. Jede weitere Schicht ebenso behandeln, bis das Loch fast voll ist.

Zum Schluss die abgehobene Rasenscheibe auf das Loch zurücklegen und festtreten.

Sind Erdbeeren deshalb so köstlich, weil sie die ersten im Beerensommer sind? Nicht nur, denn keine der roten Tropfen schmeckt besser, als die aus dem eigenen Garten, und es fällt schwer, solange darauf zu warten.

Bevor die erste Beere im Mund landet, sollte der Bestand genau angeschaut werden: Wo sind die kräftigsten und die frühesten, welche die süssesten?

Tipp: Die Auserwählten werden markiert, damit man im August noch weiss, welche Pflanzen den Kriterien entsprechen und sich für die Anzucht von Jungpflanzen eignen.

Die süssesten und gesündesten Pflanzen werden für die Nachfolgegeneration markiert.

Blumen – Gehölze – Biotope

Die Wildrosenblüte ging Ende Mai zur Neige. Jetzt wird die grosse Blütensinfonie der Gartenrosen gespielt. Akeleien mischen sich überall mit ein und umweben Iris und roten Mohn. Kolkwitzia, Weigelien und der duftende Pfeifenstrauch machen dem Blumenhartriegel Konkurrenz. Der Holunder hat sich eine weisse Blütenwolke zugelegt.

Flirt zwischen Rose, Katzenminze und Storchschnabel.

Bodendecker-Rosen wurden salonfähig.

Lavendel ist zur Rose ein idealer Partner.

Akeleien umgarnen Iris.

Rosen

Edle Teehybriden erfordern eine sehr aufmerksame und spezielle Pflege, wenn sie mit gesundem Laub und königlichen Blüten bis zum Herbst durchhalten sollen. Ohne Beihilfe mit Spritzungen schaffen sie es nicht. Es macht Spass, statt der wöchentlichen Giftportion mit Atemschutz auszubringen, nun EMa + EM5 zu spritzen und dabei selber eine kleine Dusche davon abzukriegen.

Einmal blühende Strauchrosen betören für eine kurze Zeitspanne mit überwältigendem Blütenflor. Dann ist Ruhe bis zum Herbst. Eine Vielfalt von Hagebuttenformen und Farben mischt sich je nach Art der Rose in die bunte Palette des Oktobers ein und zeichnet ab November zauberhafte Bilder im Raureif, sofern sie nicht von Vögeln verschnabuliert wurden.

Mehrmals blühende Rosen: Abgeblühte Rosenbüschel bis zum 2. Laubblatt zurückschneiden. Das fördert den nächsten Blütenflor.

Tipp: Rosen halten bis zum Herbst mit gesundem Laub ohne Blattkrankheiten durch, wenn sie gegen Rost, Sternrusstau oder Mehltau alle 2 Wochen mit EMa + EM5 übersprüht werden.

Zigeuner im Garten: Akelei sät sich bei passenden Bedingungen im ganzen Garten von selber aus. Man kann ihrem Zauber einfach nicht widerstehen und freut sich über die herrliche Blüte. Ein Manko ist, dass die Elfen der Gartenschätze einerseits ihren Platz behaupten und dabei andere Stauden ganz schön bedrängen können. Andererseits zieht das Akelei-Laub nach der Blüte ein und hinterlässt dann Lücken.

Tipp: Die Samenstände zieren den Garten im Winter. Doch da, wo sich einfach zu viele Pflanzen ausgebreitet haben, ist es ratsamer, die Fruchtstände vor ihrer Reife herunterzuschneiden.

Iris: Nach 3 bis 4 Jahren am gleichen Standort wird das Liliengewächs blühfaul und bildet nur noch Schwertblätter.
Werden die Rhizome aufgenommen, geteilt und in neue Erde eingesetzt, haben wir im kommenden Jahr wieder Freude an den wunderschönen Blüten. Die Pflanzen direkt nach der Blüte ausgraben, die Rhizome teilen und wieder an der gleichen Stelle einpflanzen. Das ist möglich, wenn EM+U in die Pflanzstelle eingeharkt wird und den ermüdeten Boden wieder auf Vordermann bringt. Die Neupflanzung gut mit EML einschwemmen.
Tipp: Iris-Rhizome wollen noch das Licht sehen. Bodeneben in die Erde setzen. Die Schnittstellen der Rhizome mit einer Mischung aus Pflanzenkohlegriess und EM+U bestäuben, verhindert Wurzelfäule.

Sumpfirisblüten.

Wasser: Die Sumpfiris hat Samenkapseln angesetzt. In ihrem Innern ruhen die leuchtend orangen Kerne. Bei Samenreife springen die 3-klappigen Fruchtkapseln auf und schleudern die Kerne in alle Richtungen. Daraus wachsen wieder Unmengen neue gelbe Iris hervor, soweit die Samen den feuchten Bereich getroffen haben.
Tipp: Wer die Flut der Sumpfirisblüte zugunsten anderer Wasserpflanzen beizeiten reduzieren will, sollte die Samenstände nach der Blüte abschneiden und zu Bokashi fermentieren.

Seerose.

Balkon- und Zimmerpflanzen

Alle Kübel und Kästen sind bepflanzt. Mit vielen Knospen ausgestattet, verheissen uns Blumenkompositionen einen farbenfrohen Sommer.
Urwald auf Balkonien: Wöchentlich mit Sickersaft aus dem Bokashi-Eimer gedüngt, entwickeln sich die Einjährigen zum blühenden Dschungel. Mit dem Bokashi-Depot brauchen die Sommerblüher erst ab Ende Juni etwas Flüssigdünger.
Tipp: Sickersaft nur stark verdünnt giessen. Statt der üblichen 20 ml pro Liter Wasser nur 10 ml Saft zugeben.

Korkflecken an Geranien sind keine Krankheit

Wenn Geranien Kork produzieren: Das Laub der Geranien hat plötzlich schorfige Pusteln. Sie entstehen, wenn die Pflanzen mit zu kaltem Wasser gegossen werden und mal zu trocken, mal zu nass stehen. Diese Korkflecken sind harmlos. Wenn die Geranien ausgeglichener versorgt werden, entwickelt sich wieder makelloses Laub. **Tipp:** Wenn jedem Giesswasser pro 3-Literkanne 30 ml EMa zugegeben wird, sind Balkonblumen bei wechselhafte Bedingungen widerstandsfähiger.

Zimmerpflanzen prahlen mit glänzenden Blättern, die kaum noch Staub ansetzen und vermitteln einen herrlich vitalen Eindruck.

- Ein paar Pipes in der Giessskanne machen aus Leitungswasser ein hochbekömmliches Nass.

Die Pflanzen mit EMa stärken: pro 3-Liter-Kanne

- 30ml EMa. Die Nährstoffe im engen Wurzelraum der Töpfe werden optimal aufgeschlossen.
- In der Vegetationsperiode (Februar bis September) zweimal eine Prise EM+U auf die Erdoberfläche im Gefäss streuen und leicht einhäckeln.

Auch Pflanzen wie Kakteen, die nur selten gegossen werden müssen, bekommt die Pflege mit EM-Zusatz sehr gut.

Tipp: Zur Vorbeugung gegen einen Befall von Schaderregern mit einem «blonden» EM oder einem EM-Raumspray besprühen. Das dunkle EM könnte im Wohnraum Flecken hinterlassen.

Rezepte

Heidis[CH] Rhabarber-Erdbeerdessert: Rhabarberkompott, Vanillecreme und Schlagrahm in ein Glas schichten. Mit pürierten Erdbeeren und Monatserdbeeren grosszügig garnieren.

Die lang herbeigesehnte Beerensaison wird von Erdbeeren eröffnet. Erdbeerkonfitüre mit Rhabarberbeigabe schmeckt köstlich, denn das saure Gemüse verstärkt das Erdbeeraroma. Holunderblüten vermitteln Heilkräfte und aromatisieren Speisen. EM-Anwender haben pfiffige Ideen ausprobiert.

Susannes[CH] Rhabarber im Einweckglas

Einfach und schnell muss es gehen. Die Zeit fürs aufwendige Einwecken ist gar nicht da, weil so viele andere Gartenthemen aktuell sind. Die gerüsteten, in Stücke geschnittenen Stangen in Gläser ganz dicht einschichten, mit Wasser bis zum Rand auffüllen und mit dem Schraubdeckel verschlossen im kühlen Keller aufbewahren. Vor Gebrauch das Wasser abgiessen und erst dann den Rhabarber für Kompott und Mus kurz aufkochen. Als Belag für Kuchen die Stängelstücke direkt aus dem Glas auf den Teigboden ausbreiten.

Tipp: Die letzten Rhabarberstängel eignen sich fürs Einwecken am besten, weil der Gehalt an konservierender Oxalsäure hoch ist. Tiefgefroren enttäuscht der Rhabarber, weil er durch Frost zäh wird und nicht mehr schmeckt.

Holunder-Blini

Annes[D] Holunderblüten-Blini

Überraschender Besuch und kein Gebäck zum Kaffee im Haus?
Zur Holunderblütezeit kein Problem, denn die Blinis im Miniformat sind schnell gemacht:

- 2 bis 3 Blütendolden
- 2 Eier
- je 2 Essl. Sauerrahm und Speisestärke
- 1 Essl. Birkenzucker und 2 Prisen EM-Salz
- Kokosöl oder Butterfett zum Braten.

Die grossen Dolden in lauter kleine aufteilen. Alle Zutaten bis und mit Salz zusammenrühren. Kleine Portionen Teig in das erhitzte Kokosöl giessen. In jedes Mini-Blini eine Minidolde mit den Blüten voran auf die Blini stellen und noch etwas Teig darüber giessen, damit die Dolden Halt finden. Mit kleiner Hitze braten, die Blinis mitsamt der Dolde wenden und nur kurz weiterbraten. Angerichtet, kann sich jeder die Blini am Doldenstiel vom Teller fischen und die Blüten im Teig abknabbern.

Gourmet-Gemüse

Annes[CH] EM-Gemüse für Gourmets

Alle Juni-Junggemüse dämpfen. Auf einem Teller hübsch anrichten und das EM-Gemüse mit seinem intensiven Eigengeschmack geniessen:

- 4 Essl. Arganöl oder ein Nussöl mit etwas EM-Salz, Zitronensaft und Honig verrühren und über das Gemüse träufeln. Fertig.

Luises Köhlerbrot

Luises[D] Köhlerbrot mit Holunderblütenwasser

Das spezielle Aroma von Holunderblüten im Brot und Wildkräuterbutter darauf ist eine Delikatesse der besonderen Art. Die vielen kleinen schwarzen Punkte im Teig kommen vom Schwarzkümmel und sollen uns an «Terra Preta» erinnern.

Holunderblütenmilch (mit EM-Pipes) ansetzen:

- 300 ml Milch (oder Rahm-Milch 1 : 1)
- 3 Essl. abgezupfte Holunderblüten.

Beides erwärmen, nicht kochen, und 1 Stunde ziehen lassen.

Zutaten für den Teig:

- 500 g Dinkelmehl
- 20 g Hefe
- 10 g EM-Salz
- 1 Teel. Rohrohrzucker
- abgeriebene Zitronenschale.

Vorteig: Hefe und Zucker in einem Teil Holundermilch auflösen und mit einem Teil Mehl vermischt gehen lassen.

Teig kneten: Alle weiteren Zutaten unter das verbliebene Mehl mischen, mit der Holundermilch zum Vorteig geben, zu einem feuchten Teig kneten und 1 Stunde gehen lassen.

Tipp: Falls der Teig zu fest ist, noch etwas Milch dazugeben.

Backen: Den Teig in eine gefettete Kastenform füllen, nochmals 30 min. aufgehen lassen und 45 min bei 190 °C backen.

Heidis* Blütenwasser: Mit Holunderblüten und Limettenscheiben aromatisiert.

Wildkräuterbutter: je nach Vorliebe eine Auswahl von Giersch, Löwenzahn, Vogelmiere, Wegerich, Frauenmantel, Spitztriebe von Him- und Brombeeren, Ringelblüten, Borretschblüten und Gundermann. Die Wildkräuter fein schneiden und mit wenig EM-Salz in die Butter einkneten. Eine Scheibe Köhlerbrot mit dem Kräuterbutter-Kraftpaket bestreichen …mhm.

Notizen

JULI

Zur tiefsten Freude an dem, was ist, gehört die Freude, an dem, was wird. Karl Foerster

Was gibt es noch zu tun, wenn das Blätterdach der Gemüse den Boden gnadenvoll beschattet, Beeren mit herrlichsten Aromen locken und unzählige Blüten in überschäumender Üppigkeit strahlen und duften? Eine Bank lädt ein, die Früchte des Sommers zu verarbeiten und – zu geniessen.

Brokkoli

Gemüse

Der erste grosse Brokkolikopf ist bereits geerntet, neue Seitentriebe wachsen bis zum Frost laufend nach. Im Vorbeigehen wird das ausgelegte Insektenschutznetz auf den Radieschen- und Chinakohlreihen kontrolliert, ob es auch keine Kohlfliegen hereinlässt.

Sellerie braucht im Hochsommer Extra-Wassergüsse.

Feldsalat

Die Bohnen schon beim Pflücken für die Küche rüsten und die Hülsen nicht am Stiel, sondern am Bohnenanfang abzwacken.

Sellerie: Ihm wird im Juli und August besondere Aufmerksamkeit geschenkt. Der Guss einer Beinwelljauche, die viel Kali enthält, festigt das Gewebe der Knollen.
Tipp: Leidet Sellerie unter Trockenheit, bildet sich in der Knollenmitte schwammiges, trockenes Gewebe oder gar ein Hohlraum.

Feldsalat: Susanne möchte auch im Sommer nicht auf den geliebten Salat verzichten. Die Aprilaussaat wandert jetzt in die Küche.
Gurken brauchen Wasser: Bei trockenem Wetter alle paar Tage gründlich giessen, d. h. pro Quadratmeter 15 bis 20 Liter Wasser. Die Blätter trocknen rasch ab. Es können sich keine Pilzerkrankungen einnisten.
Tipp: Morgens giessen fördert die Assimilation. Die Pflanzen brauchen tagsüber Wasser für den Transport der Nährstoffe aus den Wurzeln ins Blatt. Nachts ist es umgekehrt, da fliessen die Zuckerstoffe durch die Photosynthese im Blatt zu den Wurzeln.
Wenn Bohnen nicht fruchten: Bei grosser Hitze trocknen die Pollen in den Blüten der Stangenbohnen aus, bevor sie ihren Zweck erfüllt haben. Da helfen auch keine Hummeln und kein Giessen.
Tipp: «Abwarten» bis die Hitzeperiode endet und die Temperaturen unter 30 °C abkühlen. Dann bilden sich wieder neue Blüten.
Es ist Aussaattag, aber die Sonne brennt vom Himmel: Die Samen einweichen und mit EM-Keramikpulver ummanteln. In eine feuchte

Das Insektenschutznetz wird nur zur Beschattung frisch gesetzter Pflanzen ausgebreitet.

Vergilbende Schlotten sind ein Zeichen für die Knoblauchreife.

Rille abgelegt, wird das Saatgut nochmals gut eingeschwemmt und mit trockener Erde überdeckt.

Tipp: Wenn erst bei geschlossener Rille angegosssen wird, verschlämmt die Krume. Diesen festen Deckel zu durchstossen, ist für das junge Pflänzchen Schwerstarbeit. Angefeuchtete Jutesäcke oder nasses Zeitungspapier über dem Vlies helfen, die hitzigen Mittagsstunden besser zu überstehen. Salate an trüben Tagen oder abends säen und mit kühlem Wasser angiessen.

Knoblauch ernten: Sobald die Schlotten gelb werden, ist Erntezeit. Die Knollen vorsichtig aus der Erde heraushebeln, damit ihre Haut nicht beschädigt wird. Ausgebreitet abtrocknen lassen.

Späten Lauch pflanzen: Die Furche zwischen Karottenwalmen nicht gleich nach Pflanzung auffüllen, sondern bei Pflegearbeiten im Laufe des Spätsommers. Ab Herbst die Schäfte anhäufeln, damit sie schön weiss bleiben.

Tipp: Lauch wurzelt nicht so gut ein, wenn er schon von Anfang an tief in die Erde gesetzt wird.

Der Kohl steht stramm. Er wurde mit einem Guss von Brennnessel-Beinwell-jauche (+ EM) versorgt.

Wurzeltief giessen: Salate, Sellerie, Zwiebeln und Radieschen gehören zu den Flachwurzlern. Die sollten öfter gegossen werden, weil die oberste Erdschicht zu dieser Jahreszeit rasch abtrocknet. Bohnen, Kohl, Karotten und Gurken wurzeln bis 40 cm Tiefe. Sie brauchen weniger Wassergaben, dafür pro Giessgang eine durchdringende, grössere Menge. Die Tiefwurzler wie Rote Beete, Kürbis, Artischocken oder Spargel finden auch bei Trockenheit in 60 bis 70 cm Tiefe genug Feuchtigkeit vor. Hier nur bei anhaltender Hitzeperiode gründlich und mit weichem Wasserstrahl langsam giessen, damit das kostbare Nass bis in die unteren Bodenschichten vordringt.

Statt an Stecken gebunden, werden Tomaten wie beim Profi an Schnüren hochgezogen.

Nährstoffnachschub für hungrige Gemüse: Kohl, Kürbisgewächse und Tomaten haben ihren Nahrungsvorrat ziemlich aufgebraucht und benötigen einen rasch wirksamen Dünger wie Pflanzenjauchen aus Brennnessel und Beinwell, mit EML kombiniert.

Tipp: Dünger nach dem Giessen in die feuchte Erde ausbringen. Er verteilt sich im Boden auf dem «vorgebahnten» Wasserverlauf besser.

Tomaten und Gurken im gleichen Haus: Wegen ihrer unterschiedlichen Ansprüche ist es ratsam, Gurken im hinteren geschlossenen Bereich (mit wenig Lüftung) zu kultivieren, die Tomaten weiter vorn am luftigeren Platz in der Nähe der Tür.

Der ideale Erntezeitpunkt ist nicht für alle Gemüse gleich: Alles, was über der Erde geerntet wird, wie Blatt- und Fruchtgemüse, produziert tagsüber Zuckerstoffe, Eiweiss und viele sekundäre Pflanzenstoffe, die nachts in die Wurzeln eingeleitet und umgebaut werden. Um diese wertvollen Lebenssubstanzen zu nutzen, ist der beste Ernte-Zeitpunkt am Abend. Genau umgekehrt verhält es sich bei Wurzelgemüse. Das wird mit Vorteil morgens ausgegraben, bevor die eingelagerten und in Nährstoffe umgewandelten Substanzen wieder ins Blattwerk aufsteigen.

Am Abend Blattgemüse ernten.

Kluge Nachbarschaften. «Die Natur lässt für alles ein Mittelchen wachsen», stellte schon Sebastian Kneipp fest. Diese Erkenntnis gilt auch heute noch: Kürbis und Zucchini brauchen Bestäuber, die vom Basilikum angelockt werden. Bohnenkraut vertreibt die schwarze Bohnenlaus. Borretsch irritiert Kohlschädlinge und lässt keinen Echten Mehltau in der Gurken-Nachbarschaft zu. Erdflöhe und Drahtwürmer lieben Kohl und nehmen Reissaus, wenn

Boretsch in Kohlnähe irritiert Liebhaber wie Kohlweisslinge.

Aktuell

AUSSAATEN

Letzter Satz Bohnen, Karotten und Kohlrabi. Für die Herbsternte: Chinakohl, Endivie, Mangold. Knollenfenchel, Kohlrabi, Pak Choi, Radicchio, Radieschen, Salate, Rukola, Winterzwiebeln, Zuckerhut. Erster Satz Feldsalat, Gewürzkräuter wie Dill, Kresse, Kümmel, Petersilie. Ausserdem Winterblumenkohl und Winterrettich.

PFLANZEN

Grün- und Rosenkohl, Winterendivien, Winterzwiebeln, Wirsing, Zuckerhut. Folgesätze von Blumenkohl, Brokkoli, Eisbergsalat, Kohlrabi, Salate, später Rot- und Weisskohl.

PFLEGEN

Mulch in dünner Schicht ausbringen. Freigewordene Reihen oder Beete lockern, für Starkzehrer etwas vererdetes Bokashi flach einarbeiten. Tomatentriebe ausgeizen. Lauch (für weisse Schäfte) und Bohnen etwas anhäufeln. Ende des Monats Netze auf Lauch- und Karottenbeete auslegen, weil Lauchmotten und Möhrenfliegen wieder aktiv werden.

ERNTEN

Brokkoli, Erbsen, Kefen, Salate, Kohlrabi, Knoblauch, Radieschen. Erste Frühkartoffeln portionenweise ausgraben. Beim Neuseeländer Spinat die neuen Triebe abernten, damit er sich besser verzweigt und die Ernte sich bis in den Herbst verlängert.

Den letzten Satz Rot- und Weisskohl für die Herbsternte pflanzen.

Nach Hagelunwetter vernarben die Wunden an den Zucchini mit EM-Behandlung ohne jegliche Fäulnis.

Die Pflanzen erholen sich ganz schnell, als ob nichts geschehen wäre.

Pfefferminzen daneben duften. Salbei und Thymian schmecken den Schnecken zu bitter. Sie nehmen das leckere Gemüse nebenan nicht wahr. Die Lauchmotte sucht das Weite, wenn Kamille neben den Lauchstangen wächst. Tagetes und Ringelblumen zwischen Tomaten sind Zierde und vertreiben mit ihren penetranten Wurzelausscheidungen Älchen (Nematoden).

Wundheilung nach Hagelschlag

Zerfetzte Strünke von Tomaten und Zucchini, durchsiebte Kohlblätter, fast entlaubte Obstbäume: Die Pflanzenwelt hat grosse Wundflächen zu verkraften und lockt Schneckeninvasionen an. Nach dem Unwetter alles Geschädigte sofort und weitere 3 bis 4 Tage mit einer starken EML (50 ml auf 1 l Wasser) grosszügig überbrausen. Es bildet sich keine Fäulnis. Die Wunden an Blättern und Früchten vernarben schnell, auch an den wasserhaltigen Zucchinis und Gurken. Alles treibt wieder neu durch, sodass kaum noch etwas von dem niederschmetternden Ergebnis des Unwetters zu sehen ist.
Tipp: Wegen der Verbrennungsgefahr sollte die konzentrierte EML nur abends oder bei trübem Himmel ausgebracht werden.

Obst und Beeren

Die Beeren-Hauptsaison beginnt und klingt erst im Spätherbst aus.
Johannisbeeren: In Höhenlagen gibt es oft Spätfröste, worauf die Blüte der Johannisbeere abgeworfen wird.
Tipp: Für den sicheren Fruchtansatz mittelspäte und späte Sorten pflanzen.

Himbeeren: Bei Susanne gibt es nur noch die Herbstsorte «Autumn Bliss». Mit einem Trick überlistet sie einen Teil dieser Sorte für die

Juliernte. Sie lässt beim Rutenrückschnitt im Frühling pro Laufmeter 3 Alttriebe stehen. Während sich dazwischen 6 bis 8 Neutriebe für die Herbsternte entwickeln, tragen die alten Ruten schon reifende Früchte.

Tipp: Die dürren Spitzen der Alttriebe bis zum ersten neuen Fruchttrieb einkürzen. So wird die Pflückzeit einer einzigen Sorte um Monate ausgedehnt.

Die Kulturheidelbeere ist ein richtiger Gartenschatz: Im Frühling schmücken viele weisse Blütenglöckchen, im Sommer werden die blauen, bereiften Beeren genascht, im Herbst leuchten die Blätter in glühendem Orangerot. Mit EM-Pflege schmecken Kulturheidelbeeren ungemein aromatisch. Mehrere Sorten mit unterschiedlicher Reifezeit gepflanzt, versprechen eine Ernte von Juli bis September. Eine Hand voll Hornspäne und etwas Düngebokashi pro Saison unter die Schnitzel gemischt, reichen aus. Die Sträucher brauchen allerdings sauren Boden.

Tipp: Die Beerensträucher bei kalkhaltigem Boden in grosse Maurerkübel pflanzen. Erdmischung pro Kübel:

- mehrere Abzugslöcher 3 cm über dem Topfboden in die Gefässwand bohren
- 60 % Rindenschnitzel + 30 % Torf + 10 % Pflanzenkohlestreu + 1 Hand voll E+U mischen und einfüllen
- das untere Drittel der Kübel in die Erde eingraben
- die Sträucher einpflanzen und mit EML giessen.

Aktuell

Tragende Johannisbeerenruten während oder gleich nach der Ernte auf einen Jungtrieb zurückschneiden. Die jeweils ältesten Ruten des Strauchs bodeneben abnehmen.

Sommerschnitt bei Süss- und Sauerkirschen während oder gleich nach der Ernte vornehmen.

Him- und Brombeeren: Der Fruchtbehang ist schwer. Die Ruten nochmals aufbinden

Die Blütenbildung der Obstbäume fürs nächste Jahr mit Bokashi-Düngung fördern.

Fruchtbehang der Äpfel ausdünnen: Wer grosse, wohlschmeckende Äpfel möchte, lässt alle 15 bis 20 cm nur einen Apfel am Zweig hängen.

Johannisbeeren-Ernte

Heidelbeeren reifen über eine lange Zeit. Sie werden alle paar Tage durchgepflückt.

Mit EM-Pflege sind Kulturheidelbeeren unwiderstehlich süss und eignen sich wunderbar zum Tiefgefrieren

Sommerernte von Herbsthimbeeren: Die dürren Triebspitzen der letztjährigen Autumn Bliss-Ruten werden erst jetzt bis zum ersten neu gewachsenen Fruchttrieb eingekürzt.

Ein EM-Vergleich, links ohne, rechts mit EM-Behandlungen.

Zinnien, laut Samenpackung bis 60 cm hoch, wuchsen mit EM-Pflege auf Brusthöhe. Sie blühten bis in den Spätherbst und behielten ein gesundes Laub.

Blumen – Gehölze – Biotope

Einjährige Sommerblumen aus Samen zaubern farbenfrohe Rabatten in den Garten. Zinnien, Löwenmaul, Ringelblumen und viele verschiedene Arten Tagetes.
Tipp: In Schlechtwetterperioden und bei zu dichtem Stand werden Blüten und Blätter gern faulig. Öfter mit EML gegossen, sind die Pflanzen widerstandsfähiger und strahlen die Blumenfarben intensiver.

Dahlien entzünden ein Feuerwerk in satten Tönen.
Sonnenblumen sind die Raketen. In einem EM-Garten wachsen sie – ohne Witz – in den Himmel (siehe Seite 37).
Tipp: Wird Verblühtes immer wieder herausgeschnitten, dauert der Blütenflor bis weit in den Herbst an.
Blumenmischungen statt Gründünger säen, macht aus der Gartenwüste nach einem Neubau eine Bundesgartenschau.
Sterndolden blühen im Halbschatten von frühlingsblühenden Sträuchern, die jetzt zurückgeschnitten werden.
Sommerflieder (Budleja davidii) ist wegen seines Ausbreitungsdrangs durch Samenflug in Verruf geraten. Schmetterlinge versammeln sich auf seinen Blüten zum «Nektar-Umtrunk», aber die Raupen brauchen ein anderes Futter.
Tipp: Eine andere Art des Sommerflieders ist Budleja alternifolia. Sie ist zwar kein Ersatz für den beliebten

Sterndolden zeigen ihre Schönheit erst bei genauerem Hinschauen.

Die Blütendolde des Giersches hat Rosenkäferbesuch.

Schmetterlingsstrauch, aber auch sehr attraktiv und wird nie «lästig». Ihre langen Blütenschnüre hängen elegant über Mauern oder Böschungen herunter (siehe Seite 160).

Rittersporn, nach der Blüte zurückgeschnitten und gedüngt, blüht im September ein 2. Mal.

Giersch: Einmal da, kriegt man ihn nicht mehr los. Er hat eine wunderschöne Doldenblüte, die Licht in den Schatten bringt und auch gern vom Rosenkäfer besucht wird.

Tipp: Alle Pflanzen verausgaben sich in der Blütezeit, so auch der Giersch. Wer diesen «Bodendecker» reduzieren möchte, macht das unmittelbar nach der Blüte, wenn die Kraft für den Neuaustrieb noch fehlt. Das Gleiche gilt für Kratzdisteln, Ackerwinde und Quecken. Diese Prozedur konsequent über ein paar Jahre hinweg durchgeführt, verspricht den besten Erfolg.

Rasenpflege: Im Sommer wächst der grüne Teppich nicht mehr so rasant und wird erst bei einer Halmlänge von 5 bis 6 cm gemäht, damit der Boden besser beschattet wird. Ein Rasen übersteht Trockenzeiten ganz gut, wenn der Boden mit EM gepflegt wird (Seite 105).

Tipp: Bakterien können wie Kamele Wasser speichern. Sie geben es wieder an ihre Umgebung ab, wenn es nötig ist. Das ist ein Grund von vielen für die bessere Wasserspeicherung bei EM-versorgten Böden.

In Blumenwiesenmischungen leuchten Ringelblumen und Boretsch um die Wette.

Idylle im Garten: Budleja alternifolia lässt ihre eleganten Blütenschnüre über die Amphore baumeln.

Balkon- und Zimmerpflanzen

Giessen, Verblühtes abschneiden, sich an den Blumen freuen – ein «grüner Daumen» heisst nichts anderes, als Zuwendung, und die spüren unsere Sommerbegleiter. Mit dem Bokashivorrat in Kästen und Kübeln und der EML-Gabe bleibt das Laub der Blumen schön und muss nicht ständig ausgeputzt werden.

Salat im Topf: Grünzeug auf dem Balkon tut unseren Augen gut, wenn die Nachbarschaft aus Beton und abweisendem Gemäuer besteht. Warum nicht mal Salat vom Balkon holen, statt im Supermarkt zu kaufen. Frischer geht's nicht mehr.

Eine gute Partnerschaft sind Petersilie und Impatiens. Beide lieben den Halbschatten.

Hier ist der Schnittsalat der Star. Er wächst schnell und tut nicht nur dem Magen gut. Er bringt wohltuendes Grün in graue Betonumgebung.

Zimmerpflanzen führen im Sommer auf eine Art ein Schattendasein. Wir bewegen uns so oft wie möglich im Freien und lassen die Mitbewohner mit sich allein. Vielleicht findet sich die Gelegenheit, die eine oder andere Pflanze aus ihrem zu eng gewordenen Korsett zu lösen. Dabei entstehen gleich ein paar Exemplare, denn Zimmerpflanzen haben auch gern «Kinder», die die Botschaft des bisherigen Pflegenden gern zu Freunden oder lieben Nachbarn bringen.

Der Bogenhanf ist wieder im Trend. Er ist anspruchslos und braucht wenig Platz.

Sansevierien (Bogenhanf) teilen

1. Zu eng, zu wenig Nahrung für die Wurzeln: Es ist Zeit für den Wohnortswechsel.

2. Den Wurzelballen aufschneiden.

3. Die Triebe mit den Rhizomen vorsichtig vereinzeln.

4. Eine Tonscherbe über das Abzugsloch legen.

5. Schnittflächen der Rhizome mit EM-Keramikpulver einstäuben.

6. In den Topf etwas Erde einfüllen, den Sansevierien-Trieb einsetzen, den Topf mit Erde auffüllen (Kübelbepflanzung ab Seite 95).

«Beerenfestival» auf dem Frühstückstisch.

Rezepte

Das schmeckt an heissen Tagen: Ein Beerenmüsli zum Frühstück ist eine gute Grundlage für den Tag. Mittags eine leichte, aber mit Gesundstoffen bepackte Gemüsesuppe, frisch vom Beet in den Topf. Zum Dessert lustige Froscheier (Sago) mit Stachelbeeren für kleine und grosse Kinder. Zum Abendessen ein Stück Sonnenbrot mit Käse oder Kräuterbutter. Fehlt noch was? Ja – Wasser, viel Wasser.

Tipp: Ins Wasser ein paar EM-Keramikpipes einlegen. Je nach Geschmack mit Beerensaft oder Blättern vom Zitronenstrauch aromatisieren.

Wiltruds[D] Beeren-Frühstück aus Sigemars Garten

Das Frühstück ist ein Fest für die Sinne und den Magen. Am Abend vorher weicht Wiltrud Getreidekörner und Trockenobst ein (aus eigener Ernte). Morgens, nachdem Sigemar eine Portion Nüsse (Herbsternte vom Walnussbaum vor dem Haus) fürs Frühstück geknackt hat, bringt er von seinem Streifzug durch den Garten die letzten Erdbeeren, pflückt die ersten Kirschen, zupft rote und gelbe Himbeeren ab und findet für jeden eine der kleinen schwarzen Beeren vom... – die Liste liesse sich schier endlos fortsetzen und variiert je nach Jahreszeit, denn dieser EM-Selbstversorgergarten ist eine unerschöpfliche Fundgrube. Eingeweichte Chiasamen und ein Klacks Chlorophyll aus pürierten Blättern von Him- und Erdbeeren und /oder Salat, mit Banane und eingeweichtem Trockenobst abgeschmeckt, rundet das vielseitige Powerfrühstück ab.

Tipp: Chiasamen waren zugleich Grundnahrungs- und Heilmittel der Mayas. Die kleinen grau bis schwarzen Rundkörner brauchen nur 10 min Einweichzeit, fegen den Magen- und Darmtrakt und regulieren den Stuhlgang. Die kleinen Nährstoffbomben liefern anhaltende Energie und leiten Säuren und Giftstoffe aus.

Stachelbeeren haben einen hohen Pektingehalt und sind als Konfitüre oder für den Kuchenbelag beliebt.

Annes[D] Stachelbeeren-Froscheier (Sago)

Die Kräuterfrau tut bei allen Vorgängen wie Gemüse oder Obst waschen und beim Kochen ein paar EM-Keramikpipes ins Wasser. Originell ist ihr Stachelbeerdessert. Wenn die Beeren noch grün sind, serviert sie zum Vergnügen der Kinder «Froscheier»:

- die Beeren waschen und putzen
- Sago nach Vorschrift mit einem Bio-Zucker zubereiten
- Kurz bevor die Sagokörnchen glasig sind (die Froscheier), werden die geputzten und gewaschenen grünen Stachelbeeren zugegeben
- Die «Froscheier-Speise» auskühlen lassen.

Tipp: Statt Stachelbeeren kann auch sehr gut Rhabarber verwendet werden.

Johannas[A] Sonnenbrot aus Keimlingen

Besser als jedes Vollkornbrot und voller Lebenskräfte ist das sonnengetrocknete Brot aus Keimlingen verschiedener alter Getreidearten, deren Körner nicht zu Mehl gemahlen, sondern vorgekeimt werden. Es eignen sich Dinkel (geht am besten) oder alte Arten wie Emmer, Einkorn, Ur-Roggen (Waldstaude), weil die gegenüber modernen Züchtungen mehr Wertstoffe enthalten.

Das Sonnenbrot ist ein Rohkostprodukt, das noch alle Wertstoffe des Getreides und der anderen Zutaten enthält. Hinweis: Das Brot in Stücke schneiden (6 x 6 cm) bevor es ganz durchgetrocknet ist.

Zubereitung:

- das Korn 2 bis 3 Tage vorkeimen (Keimlinge Seite 73)
- im Mixer oder Hacker ein paar Sekunden grob zerkleinern
- den daraus entstandenen Brei nach Wunsch mit Brotgewürzen und EM-Salz abschmecken
- den Teig 3 cm dick auf ein gefettetes Backblech streichen
- an der Sonne trocknen, bis die Masse ledrig ist.

Ganz nach Lust und Laune können Sonnenblumenkerne, Leinsamen oder Sesam dazugegeben werden. Gemahlene Nüsse oder Mandeln eignen sich ebenfalls als Zugabe und verleihen dem Brot einen herrlich würzigen Geschmack. Dieses Brot ist lange haltbar und eine sehr gesunde «eiserne Reserve», falls das frisch gebackene Brot mal ausgegangen ist.

Tipp: Bei Schlechtwetter im Backofen unter 50 °C mehr trocknen als backen.

Heidis[CH] Gemüsesuppe schmeckt – aber jedes Mal anders

Hier wird nicht nach Rezept gekocht, eher nach Bauchgefühl. Das klein geschnittene Gemüse zuerst in der Pfanne anbraten, mit Wasser ablöschen und kurz weiterköcheln. Mit dem Mixstab grob zerkleinern. Mit Küchenkräutern und etwas EM-Salz abschmecken.

Tipp: Als knusprige, pikante Beilage etwas geraffelten Hartkäse in der Pfanne zu «Talern» schmelzen lassen.

Gemüsesuppe – frisch vom Beet in den Topf – schmeckt unvergleichlich gut.

Notizen

Notizen

AUGUST

Um einen Schmetterling lieben zu können, müssen wir auch ein paar Raupen mögen. Antoine de Saint-Exupery

Wasser ist für vieles gut. Das merken wir so richtig im August. In der Sommerglut der Hundstage haben wir wie die Pflanzen Durst. Giessen ist die Hauptaufgabe, dabei den Schlauch auch mal gegen sich drehen oder die Kinder aus den Beeren scheuchen. Das kühlt hitzige Köpfe. Auch in den Blumen leuchtet das Feuer des Hochsommers. Kräuter haben jetzt den grössten Anteil Sonne eingefangen und werden geerntet.

Wasservorrat ist jetzt wichtig. Pro Liter Wasser 3 EM-Pipes einlegen.

Die Schwalbenschwanzraupe hat sich einen dicken Wanst angefuttert und sich wenig später für eine Zeitspanne des geheimnisvollen Wandels zum Schmetterling mit einem Gürtel an die Mauer festgehängt.

Gemüse

Der Garten scheint aus allen Nähten zu platzen. Kräuter warten auf die Haupternte. Es ist Zeit, neue Erdbeerpflanzen heranzuziehen. Susanne schwelgt im Erntesegen und verrät aus ihrem reichen Erfahrungsschatz so manchen Tipp.

Kräuterernte für Gewürz- und Teemischungen
Jetzt haben Kräuter die meisten Sonnenstunden getankt und dabei die grösste Menge an Lichtkräften gespeichert.
Tipp: Kräutersträusse, die wie üblich aufgehängt und langsam an der Luft trocknen, verlieren zu viele sekundäre Pflanzenstoffe. Es ist besser, die Kräuter schnell zu dörren.

Teekräuter: Heilende wie Ringelblumen (Calendula), Johanniskraut, Königskerze, Goldmelisse, Blutweiderich, Lavendel und alle Malven von der Käsepappel über die Bechermalve bis zur Stockrose. Fürs Aroma Zitronenmelisse, Zitronenstrauch (Aloysia), Thymian, Rosenblätter und Minzen. Sonnenblumen-Blütenblätter und Kornblumen bringen Farbe in die Mischung
Tipp: Ist Schlechtwetter angesagt, werden Blüten vorher eingesammelt, damit sie nicht verregnen und an Farbintensität verlieren. Bei Kräutern wie Minze oder Zitronenmelisse die Blätter vor dem Trocknen vom Stängel abstreifen und nicht erst hinterher. Empfindliche wie Königskerzen in der Mittagszeit zwischen 11 und 13 Uhr pflücken. So behalten sie ihr herrliches, lichtvolles Gelb. Vor oder nach dem Mittag geerntet, würden sie beim Trocknen verbräunen.
Für Gewürzmischungen Küchenkräuter schneiden wie Liebstöckel, Origanum, Ysop, Dill, Gewürzfenchel, Koriandersamen, Chilischoten,

Die Blume erweist sich als grösserer Pionier eines neuen Verhältnisses zwischen Welt und Seele, als wir ahnen. Es gehen unvorstellbare Wirkungen von Gärten und Blumen aus.
Karl Foerster

Blumenblüten für farbenfrohe Teemischungen.

Afrikanisches Basilikum würzt intensiv.

Salbei bei Leber- und Halsweh.

Blütendolden vom Dill fürs Gewürzsalz.

Selleriekraut, Schwarzkümmel (Jungfer im Grün), Afrikanisches Basilikum und Petersilie.

Tipp: Ein Dörrapparat zum Nulltarif ist das Auto. An einem heissen Tag bei grossen Kräutermengen den Rücksitz umlegen. Den Innenraum mit einer blonden EML aussprühen, ein Leintuch ausbreiten und darauf in dünner Schicht die Kräuter verteilen. Ein weiteres Tuch drüberlegen und das Auto schliessen. Das Tuch sorgt dafür, dass Blütenfarben nicht ausbleichen. Ausserdem können sich weder Fliegen noch sonstige Liebhaber in den Kräutern einnisten. Susanne bemerkt verschmitzt: «Nach einem Tag ist alles ‹ribbeldürr›. Dicke Blütenkelche haben es vielleicht noch nicht ganz geschafft, die werden auf gleiche Weise noch ein bis zwei Tage nachgetrocknet.»

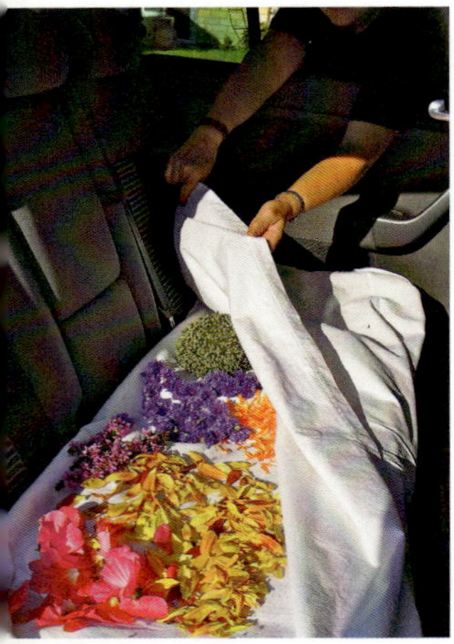

Dieser Dörrapparat zum Nulltarif ist an Sonnentagen sehr effizient.

Erntetipps aus Susannes Trickkiste

Gerade jetzt ist es wichtig, zarte Bohnen fleissig durchzupflücken, bevor sie pelzig und hart werden.

Bohnensamen gewinnen. Susannes Grossmutter liess pro Bohnenreihe die obersten Hülsen an der ersten und letzten Stange hängen. Bei Buschbohnen sind es die Hülsen der ersten und letzten Pflanze einer Bohnenreihe. Dort tanken die Bohnenkerne das grösste Quantum an Lichtkräften. Es gibt noch mehr Fakten für die Auslese einwandfreier Bohnenkerne: Während der Wachstumszeit beobachten, welche Pflanze die kräftigsten Triebe, gesundes Laub und den reichsten Fruchtbehang hat. Diese Pflanze mit einem Stecken oder einem farbigen Band markieren.

Tipp: Die ersten Hülsen dieser Pflanze nicht abernten, sondern erst pflücken, wenn sie strohig trocken sind und gelb bis bräunlich aussehen. Dann am trockenen Ort noch zwei Wochen ruhen lassen, bis die Bohnenkerne durchgehärtet sind. Einwandfreie Samen bis zum nächsten Mai mit EM-Keramikpulver bestäubt im Schraubglas aufbewahren.

Bohnenhülsen auskernen und mit EM-Keramikpulver bestäubt im geschlossenen Glas aufbewahren.

Lauch: Mitte August ist die 2. Flugzeit der Lauchmotte. Die kräftigen Stangen werden deshalb Ende August bis auf 3 bis 4 cm heruntergeschnitten.

Tipp: Der verbliebene Stumpf treibt sofort wieder durch, allerdings mit etwas schlankerem Schaft, dafür ohne Lauchmottenlarven. Diese Lauchstangen bleiben für eine 2. Ernte im Winter auf dem Beet.

Die Larve der Lauchmotte frisst sich am liebsten in die jungen, zarten Blätter rein.

Blühender Lauch und Karottendolden sind Tummelplätze für Bienen und andere Nektarnascher.

Tipp: Die Samen der alten, bewährten Sorten sind noch reinerbig, d. h. dass die gleichen Sorteneigenschaften auch in den nächsten Generationen erhalten bleiben.

Gründüngung mähen: Üblicherweise wird Gründüngung in den Boden eingearbeitet, wenn die Flächen verbräunen oder abgefroren sind. Sollte sich aber zuviel Beikraut eingemischt haben, das über Samen schnell die Oberhand bekommt, ist es klüger, die Flächen abzumähen.

Tipp: Günstigster Zeitpunkt ist gleich nach der Blüte von z. B. Phacelia und vor der Samenreife der Beikräuter. Sollten sich von den Beikräutern bereits Samen entwickelt haben, wird das Mähgut bokashiert.

Lauch im Doppelpack: Nach dem ersten Schnitt sind gleich 2 neue Stangen nachgewachsen.

Tomaten werden von Hummeln besucht, sind aber auch Selbstbefruchter: Der Blütenstaub wird durch Wind von einer Blüte zur anderen übertragen. Setzen im Tomatenhaus oder am windgeschützten Platz trotz guter Blüte keine Früchte an, fehlt der nötige «Wind-

◄◄ Karottenblüten werden gern von Schwebfliegen besucht.

◄ Der Gründünger Phacelia ist eine sehr ertragreiche Bienenweide und für die Fruchtfolge aller Gemüsearten bodenneutral.

EM-Tomaten reifen mit intensivem Geschmack.

stoss». Bei sonnigem Wetter um die Mittagszeit die Pflanzen von Hand kurz und sachte schütteln. Ein Guss Pflanzenjauche (bis Mitte August) tut den stark zehrenden Pflanzen gut.

Tipp: Wenn die Pflanzen drei reich besetzte Fruchtrispen gebildet haben, den obersten Pflanzenwipfel abnehmen.

Schatten werfende Blätter über reifende Tomaten entfernen, damit die Früchte viel Sonne einfangen können.

Braunfäule (Phytophtera): die untersten, vergilbenden Blätter entfernen und beim Giessen keine Pflanzenteile benetzen, um der Braunfäule vorzubeugen.

Salate: In die Zwischenräume der noch jungen Spätgemüse werden zur besseren Bodendeckung schnell wachsende Salate gesetzt wie Lollo, Eichblatt usw.

Kürbisfruchtansatz abschliessen

Eine letzte Düngegabe und genügend Bodenfeuchte lässt die Kullern schwellen. Sollen grosse, gehaltvolle Früchte heranreifen, ist es ratsam, jetzt weitere Blütenansätze abzunehmen und den Haupttrieb einzukürzen.

Blütenansätze ausknipsen und den Haupttrieb einkürzen, damit alle Kraft in den Kürbis geht und sich keine weiteren «Beeren» entwickeln.

Erste Feldsalat-Aussaat: Das Baldriangewächs ist eine neutrale Fruchtfolgepflanze, weil es mit keinem anderen Gemüse verwandt ist. Seine dunkelgrüne Farbe ist ein Merkmal für den reichen Gehalt an wertvollen Pflanzenstoffen. Der nussige Geschmack kommt vom ätherischen Öl, wie es auch vom Baldrian bekannt ist, beruhigt den nervösen Magen und stärkt die Nerven allgemein. An den Boden hat Feldsalat kaum Ansprüche, will aber viel Sonne und kommt bei August-Aussaat bereits ab Herbst auf den Tisch. Der beliebte Salat findet überall Platz, in leeren Beetreihen, nach der Frühkartoffelernte, unter Beerenbüschen und zwischen Erdbeerreihen.

Tipp: Wenn dem Feldsalat zur Ernte nur der «Blattwuschel» abgeschnitten wird, wächst er munter weiter und kann mehrmals geschnitten werden.

Die Blätterschöpfe vom Feldsalat oberhalb des Wurzelansatzes abschneiden, damit er noch einmal austreibt. So werden mehrere Schnitte möglich.

Endivien für den Herbst: Beim Pflanzen darauf achten, dass der Wurzelhals wie beim Kopfsalat über der Erde liegt, damit die Pflanzen noch «wackeln». Den Pflanzenabstand nicht unter 30 × 30 cm bemessen. Selbst dann schieben sich die schwellenden Köpfe noch gegenseitig hoch.

Aktuell

AUSSAATEN

Letzter Satz Buschbohnen, Chinakohl, Herbstrüben, Mangold, Kresse, Pflücksalat, Radieschen, Schnittsalat, Spinat. Ausserdem: Mairüben, Pak Choi, Radicchio, Frühlingszwiebeln, Winterblumenkohl, Winterportulak, Wintersalate, Winterrettich, Winterzwiebeln. Zweijährige Kräuter: Kerbel, Kümmel, Petersilie. Ausdauernde Gewürzkräuter: Wilde Rauke (Rucola), Winterheckezwiebel.

PFLANZEN

Brokkoli (letzter Satz), Chinakohl, Eisbergsalat, Endivien, Grünkohl, Fenchel, Kopfsalat, Kohlrabi, Knoblauch, Winterlauch, Winterzwiebeln, Zuckerhut.

PFLEGEN

Buschbohnen, Lauch und Stangensellerie anhäufeln. Nach Ernte auf freibleibenden Beetflächen Gründüngung aussäen. Bei Neupflanzungen den Boden mit dünnem Belag aus Ernterückständen mulchen. Verkrustete Erde hacken. Kohlarten, Radieschen und Rettich gegen Erdflöhe feucht halten.

ERNTEN

Busch- und Stangenbohnen öfter durchpflücken. Brokkoli, Salate, Karotten, mittelfrühe Kartoffeln, Kohlrabi, Radieschen, erste Rote Beete, Spinat, Tomaten, Zwiebeln, Gurken und Zucchini.

Bohnen öfter durchpflücken, solange sie noch zart sind.

Ein Test: linke Karotte konventioneller Herkunft mit schwammigem, wässrigem Gewebe, rechte Karotte aus EM-Anbau ist kernig, hat ein dichtes, strukturiertes Gewebe und schmeckt.

Tipp: Weil Endivien auf frei gewordenen Reihen Platz finden, sollte die Erde mit etwas vererdetem Bokashi oder einer Brennnessel-Beinwelljauche aufgepeppt werden, denn Endivien haben mehr Hunger als Kopfsalat und brauchen auch mehr Feuchtigkeit als andere Salate.

Das Liebesleben der Schnecken

Schön rund und dick herangefuttert, suchen sich die Schnecken ab jetzt geeignete Partner zur Hochzeit, damit im Herbst viele Eier abgelegt werden können. Als Zwitter sind sie mal Mann, mal Frau, nacheinander. Sie prüfen sich gegenseitig, ob die Feuchtigkeit der Samenpäckchen gleich ist. Unterschiedliche Qualitäten werden nicht akzeptiert. Tastend, riechend, Kreise ziehend nähern sie sich, schmusen schleimend eng umschlungen und streicheln sich mit ausgestülpten «Händchen».

Zwiebeln sind erntereif, wenn sich ihre Schlotten von allein umlegen.

[4] Gruno, 2006, S. 62

Schnirkelschnecken schiessen sogar Liebespfeile in den Körper des Partners ab, um den Akt zu stimulieren. Nach einigen Stunden werden die Spermien ausgetauscht. Die befruchteten Eier reifen im nun weiblichen Körper[4].

Tipp: Schneckeneier werden in Bodenrisse abgelegt, die durch Trockenheit entstehen. Diese Bodenflächen mit der Hacke aufrauen, damit sich die Spalten wieder schliessen und auch nicht zu viel Erdfeuchtigkeit ausgeatmet wird. Vorbeugend Ende August die Schnecken mit ihren prallen Eierbäuchen vor der Eiablage einsammeln. Das ist sehr effizient, denn es werden pro Schnecke bis zu 500 Nachkommen vermieden.

Schneckenhochzeit: Wer ist hier Weibchen, wer Männchen? – Sie sind beides zugleich.

Augustäpfel (Klaräpfel): Bei Susanne werden sie nicht ausgedünnt.

Obst und Beeren

Dem Augustapfel folgt der Gravensteiner. Die ersten Pflaumen reifen und die Aprikosenernte ist schon fast vorbei. Das Gartenjahr steuert auf seinen fulminanten Höhepunkt zu. Obstbaumzweige neigen sich durch die Fruchtschwere zu uns herunter und laden uns ein, zu kosten. Auf dem Herd in der Küche werden Kostbarkeiten aus Beeren und Aprikosen für den Wintervorrat zubereitet. Das Gefrierfach füllt sich.

Erdbeeren pflanzen: Lieblingssorten mit herrlichem Aroma sind für lange Transportwege und die Lagerung oder zum Einfrieren oft nicht geeignet und deshalb aus dem allgemeinen Marktangebot verschwunden.

Auslese geeigneter Pflanzen: Solche, die kaum Beeren angesetzt haben, bilden als erste Ableger. Auf diese frühen Ausläufer verzichten. Dafür bereits während der Pflückzeit jene Pflanzen markieren,

- die gesund sind
- die meisten Früchte tragen
- keine harten Beeren haben und besonders aromatisch sind.

Diese «Kindel» versprechen beste Qualität fürs kommende Jahr.

Vermehrung: Die z. T. schon im Erdreich verankerten Ableger von den Ausläufern abtrennen. Pro Topf werden zwei bis drei Jungpflanzen eingesetzt, gut angedrückt, bis zur Durchwurzelung mit Vlies beschattet und nach vier Wochen aufs Beet verpflanzt.

Tipp: In einen 12er Topf zuerst eine Schicht Bokashi als Nährstoffdepot einfüllen. Dieses Depot mit etwas Erde überdecken, bevor die Jungpflanzen eingesetzt werden. Sie ist Schutz vor Wurzelverbrennungen wegen des frischen Bokashi.

Allgemeine Erdbeerpflege: Bei Pflanzen, die noch ein bis zwei Jahre auf dem Beet bleiben, wird das Laub abgeschnitten, damit sich neue, gesunde Blätter bilden können.

Him- und Brombeeren nähren: mit einer dünnen Schicht vom reifen Bokashi mulchen, mit etwas Grasschnitt überdecken und mit einer EMl überbrausen.

Bereit zum Eintopfen: gesunde, kräftige Erdbeerkindel.

Aktuell

Sommerschnitt an Obstbäumen: Zu dicht stehende Obstbaumzweige auslichten.

Lange Rebentriebe einkürzen. Eine Traube benötigt für die Ausreifung die Assimilation von 6 bis 8 gesunden Blättern. Die Umgebung der Trauben für eine bessere Belichtung auslauben.

Blumen – Gehölze – Biotope

Es gibt nicht so viel zu tun: Samen von Einjährigen wie Schwarzkümmel und Tagetes sammeln, hohe Herbststauden wie Astern eine Stütze geben, verblühte Dahlien herausschneiden, einen Pflegegang wegen Beikräutern machen und sich an den satten, strahlenden Blütenfarben des Sommers freuen.

Wasser

Eine wunderbare Eigenschaft von EM ist, dass ein Boden, mit Bokashi und Terra Preta vorbereitet, viel Wasser speichern kann und heftige Gewittergüsse besser schluckt. Ist die Erde mit einem Pflanzenkleid dicht überwachsen, hält sich die Feuchte selbst in der Hitze des Sommers lange.

Wasserspiel: Wie erfrischend sind doch kleine Brunnen, wenn sie am Sitzplatz vor sich hin plätschern. Über warme Steine rinnend, verdunstet mehr Wasser als man denkt. Das Reservoir muss aufgefüllt werden. Leitungswasser hat oft einen sehr hohen Härtegrad, der nicht nur in Wasserkochern Kalkkrusten absetzt. Quellsteine, Wasserschalen und Pumpe verkalken und veralgen, das Wasser wird schnell moderig.

Tipp: Mit EM-Pipes und etwas EMa im Reservoir bleibt das Wasser klar, es setzt sich viel weniger Kalk ab und der Algenbewuchs hört auf. Ein Indiz für die Wasserqualität durch EM-Behandlung sind Tiere. Ob Katze, Hund oder Vogel auch aus der umliegenden Nachbarschaft. Sie suchen diese Wasser gern auf, um ihren Durst zu stillen.

Trotz voller Besonnung bleibt das Wasser mit EM-Versorgung klar.

EM-Keramik für Regenwassertonnen: In den heissen Sommermonaten kippt das stehende Wasser in den Fässern und fängt an zu stinken. Mückenlarven fühlen sich in diesem Milieu besonders wohl. Dieses moderige Wasser enthält viele Krankheitskeime, die vor allem die Tomaten angreifen. So kann ein Bestand von heute auf morgen von der Krautfäule befallen werden, wenn sie mit diesem Wasser gegossen wurden.

Tipp: EM-Keramikpipes sorgen für stabil bleibender Wasserqualität. Die Tomaten bleiben bis zum Schluss gesund.

Brunnentröge müssen nur noch selten geputzt werden, weil ein EM-Keramikring die Algenbildung verhindert.

Das Regenwasser in der Tonne bleibt mit EM-Keramik frisch.

Pfiffige Idee einer kreativen EM-Anwenderin: EM-Keramikpipes als Kette aufgereiht und an leere, verschlossene Plastikflaschen gebunden ins Wasser gehängt.

Ein EM-Keramikring im Brunnen verhindert Moos- und Algenbildung.

Balkon- und Zimmerpflanzen

Selber vermehrt und mit EM gross gezogen: Hängegeranien mit gesundem Laub hängen über 2 m lang herunter.

Balkonblumen blühen in satten, leuchtenden Farben. Auffallend sind auch die glänzenden gesunden Blätter. Das Laub muss bei EM-Pflege nicht mehr so fleissig ausgeputzt werden wie bisher. Das Wasser mit EM-Keramikpipes aufbereiten: Fürs tägliche Giessen

- 1 Essl. EMa pro Liter Wasser.

Für eine 1-malige EM-Gabe pro Woche

- 2 Essl. EMa pro Liter Wasser zugeben.

Tipp: Kannen, die mit Wasser gefüllt über längere Zeit stehen bleiben, sollten aus Plastik- oder Chromstahl sein. Im Schatten aufstellen. In Zinkkannen löst das Wasser auf Dauer Stoffe aus der Legierung, die den Pflanzen offensichtlich nicht bekommen. Verzinkte Kannen können trotzdem weiter benutzt werden, wenn sie unmitelbar vor dem Giessen gefüllt werden.

Zitronenstrauch: Der Duft des Zitronenstrauches (Aloysia citrodora) ist viel intensiver als der von Zitronenmelisse. Die Blätter des Strauches gehören bei den Gourmetköchen zu den feinsten aller frischen Kräuterzutaten. Schon bei leichter Berührung verströmt Aloysia ihr erfrischendes Aroma, ist appetitanregend, verdauungsfördernd und wird auch in der Aromatherapie verwendet. Für Salate, Fischgerichte, Tee oder Süssspeisen das frische Kraut verwenden, getrocknet für Tee und Duftpotpourris. Der Zitronenstrauch gedeiht im Kübel am sonnigen bis halbschattigen Platz in normaler Gartenerde, die gleichmässig feucht gehalten wird. Wenn die frischen Triebe immer wieder entspitzt werden, baut sich der Strauch schön buschig auf. Der Strauch wirft seine Blätter normalerweise im Spätherbst ab und muss frostfrei überwintert werden.

Tipp: Vom Zitronenstrauch nur im Frühjahr Jungpflanzen aus Stecklingen heranziehen, weil da die Triebe noch weich sind und besser bewurzeln. Im Sommer und Herbst sind die Triebspitzen zu sehr verholzt und machen keine Wurzeln.

Zitronenstrauch (Aloysia citrodora) öfter mal streicheln. Er verströmt bei Berührung einen betörenden Zitronenduft.

Jungpflanzen von Kräutersträuchern fürs nächste Jahr vermehren: Jetzt ist die günstigste Zeit, von den nicht winterharten und verholzenden Gewürzsträuchern junge Pflanzen heranzuziehen, weil die Triebspitzen noch weich am besten bewurzeln.

Kräuterstecklinge: Vor dem Stecken die untersten Blätter entfernen und das Stängelende in EM+U eintauchen.

Für die Vermehrung krautige Triebspitzen abschneiden. Mit einem scharfen Messer knapp unter dem 3. Blattknoten mit geradem Schnitt nochmals nachschneiden. Die untersten 2 Blätter des Stecklings entfernen. Die Schnittflächen in EM+U tauchen und bis zu 5 Stück in einen 12er-Topf mit magerer Erde stecken. Die Triebspitzen bewurzeln unter einer Folienhaube am Nordfenster oder draussen im Halbschatten. Im Winter brauchen diese Töpfe im Gewächshaus oder auf dem Fensterbrett bei 12 – 15 °C weniger Platz als grosse Exemplare im Kübel.

Tipp: Ausser Rosmarin und verschiedenen nicht frostharten Salbeiarten können auch Stevia, Currykraut und andere verholzende mediterrane Kübelpflanzen auf die gleiche Art vermehrt werden. Mit EM-Pflege verlieren die wärmeliebenden Gehölze im Winterquartier kaum Blätter. Ein Bokashidepot im unteren Drittel des Topfes und gelegentliche EML-Gaben machen sie widerstandsfähiger. Sie vertragen kühle Temperaturen besser. Im Frühjahr den Neuaustrieb mit lauwarmen EML-Duschen hervorlocken.

Schneckenbegonie: Untere Blätter vor der EM-Pflege, obere Blätter nachdem mit EML gegossen wurde. Der Unterschied in Farbe und Blattzeichnung ist frappant.

Zimmerpflanzen duschen: An heissen Tagen den Zimmerpflanzen ein Freiluftbad im Schatten gönnen und mit einer temperierten EML überbrausen, auch die Blätter von unten benetzen. Ausnahme: Behaarte Blätterpflanzen wie Usambaraveilchen oder Rexbegonien: Die haben den Guss übers Blatt nicht gern. Um Flecken in der Umgebung zu vermeiden, ein helles EM verwenden.

Tipp: Die Sprayflasche «Fox» von Birchmeier ist praktisch, weil sie in allen Positionen, auch kopfüber, sprühen kann.

Mangold, auf Susannes EM-Boden gewachsen.

Rezepte

Im August ist leichte und vor allem «kurze Küche» aktuell und sind kühle Getränke gefragt.

Susannes[CH] Mangoldrezepte sind einfach und gut

Mangold ist im Küchenplan oft ein Stiefkind: «Fade, krautig, nicht gerade mein Fall», so heisst es. Bei Susanne geht der Mangold (Krautstiel) nie aus. Er enthält viel mehr Mineralien und Sekundäre Pflanzenstoffe und weniger Nitrat als Spinat, denn er wächst langsamer und hat mehr Zeit, Wertstoffe aufzunehmen, als sein grüner Verwandter aus der Fuchsschwanzfamilie. Spinat nimmt wie alle rasch wachsenden Pflanzen viel Nitrat auf, vor allem im Frühling. Die farbigen Stiele des Mangold schmücken nicht nur Gemüsebeete. Sie sind auch auf dem Teller eine Augenweide. Aus einem EM-gepflegten Boden ist er viel schmackhafter als anderer und braucht nur wenig Würze.

Gemüsebeilage: Grüne Bohnen auf buntem Mangoldstängelbett.

Dass Mangold auch einen feinen Salat hergibt, ist wenig bekannt:

- Stiele in 2 cm lange Stücke rüsten
- bissfest überwallen und abkühlen
- Eine Mayonnaise mit Zitronensaft machen oder eine gekaufte in Bioqualität verwenden
- Die Mayonnaise mit Magerquark «strecken». Das macht sie leichter verdaulich
- Mit EM-Kräutersalz und frischen Gewürzkräutern nach Belieben abschmecken.

Mangold in Variationen: links Mangoldbündel, mit Lauchstreifen gebunden. Mitte Mangoldsalat. Rechts Mangoldwickel.

Grüne Bohnen auf rotem Mangold als Gemüsebeilage: Die Bohnen mit Bohnenkraut dämpfen, in Kokosöl oder Bratbutter schwenken und leicht salzen. Rote Mangoldstiele in Kokosöl kurz schmoren, leicht salzen. Die Bohnen auf den Mangoldstielen anrichten. Fertig.

Mangoldwickel mit Füllung aus Resten vom Vortag: Die Blätter ohne Stiel waschen und in einer Gemüsebrühe kurz blanchieren, damit sie sich besser wickeln lassen. **Füllung:** Reis vom Vortag mit Quark* mischen, mit Küchenkräutern und etwas Reibkäse würzen, 3 gehäufte Essl. davon auf das Blatt setzen und in das Blatt einwickeln. In einer gefetteten Auflaufform nebeneinander setzen und im Ofen 20 min. überbacken. **Tipp:** Hähnchenfleischreste vom Vortag mit verwerten oder ein halbes gekochtes Ei, mit Senf eingestrichen, zum Reis einlegen. Zum Überbacken die Wickel in der Form mit etwas Reibkäse überstreuen.

Rohes Apfelmus vom Augustapfel.

Rohes Apfelmus

Im August beginnt die herrliche Zeit der Äpfel. Die frühen Sorten wie der Klarapfel lassen sich nicht lagern und wollen frisch vom Baum verzehrt werden. Ein Mus aus rohen Äpfeln ist schnell gemixt. Mit etwas Zitronenschale oder Zimt und Stevia oder Birkenzucker abgerundet, schmeckt das schnelle Dessert herrlich erfrischend.

Tipp: Mit einer Kugel Schokoladen- oder Vanilleeis ergänzen.

Sonnenblumen-Blütenblätter im Salat und im Tee bringen Sonne ins Herz.

Salat und Tee mit Sonnenblumen-Blütenblättern

Grüner Blattsalat mit Sonnenblumenblättern und Kernen aufgepeppt, ist Seelennahrung, denn die Sonnenblume trägt grosse Lichtkräfte in sich, erhellt das Gemüt und senkt Fieber.

Ein Teeaufguss mit frischen Zungenblütenblättern schmeckt mild. Abgekühlt und mit einem Zweiglein vom Zitronenstrauch wird er zur Erfrischung für Herz und Geist.

Küchenkräuter für den Winter einfrieren

Manche Küchenkräuter eignen sich weniger zum Trocknen, weil sie zu viele Aromastoffe verlieren würden. Eingefroren retten sie ihre Würze bis in den Winter hinein. Petersilie, Basilikum, Schnittlauch und Dill werden gewaschen und klein geschnitten:

- für Salate und Dips in kleine Portionenbeutel einfüllen
- für Suppeneinlagen und Sossen im Eiswürfelbehälter einschichten.

Mit abgekühlter Gemüsebrühe oder abgekochtem EM-Salzwasser übergiessen und dann einfrieren.

Zucchiniblüten als Vorspeise

Die Früchte wachsen am Laufmeter und werden schnell zu gross. Das bedeutet für die Pflanze, dass sie keine weiteren Blüten für Fruchtansätze bildet und hört auf zu wachsen. Deshalb immer die kleinen Früchte ernten, die schmecken ohnehin zarter. Wer die Zucchinifülle bremsen will, pflückt den Blütenüberschuss, nimmt den Blütengriffel und die Staubgefässe heraus und serviert sie als Vorspeise (frittiert) oder roh mit einer Kräuter-Quarkfüllung.

Gefüllte Zucchiniblüten sind eine Delikatesse.

Notizen

SEPTEMBER

Wer der Gartenleidenschaft verfiel, ist noch nie geheilt worden. Er fühlt sich immer tiefer in sie verstrickt. Karl Foerster

Dahlien, Astern und die porzellanen Blüten der Herbstanemonen setzen pastellige Tupfer in den Garten. Viele der gelben Korbblütler sind die Septembersonnen des Gartens. Stockrosen und Königskerzen wirken wie Antennen, die ihre Botschaft in den erdumfangenden Kosmos senden. Im Altweibersommer stellen sich erste kühle Nächte ein. Die letzten Pflegearbeiten sind angesagt. Blumenzwiebeln stecken heisst Blütenfreude für den kommenden Frühling pflanzen. Die Hauptsaison der Ernte von Obst und Gemüse beginnt.

Attraktiver Palmkohl zwischen Radicchio.

Paprikaschoten – wie frisch lackiert.

Gemüse

Eine Palme mitten im Gemüsebeet? Das ist der «Nero di Toskana» aus der Familie des Grünkohls und wird als erster, vor den anderen krausen Verwandten aus dem Norden, geerntet, weil er nicht soviel Frost aushält. Die Schoten von Paprika und Chili wechseln nach und nach ihre Farbe von Grün über Gelb bis ins leuchtende Rot.

Nach «Hü» kommt «Chabis»

Das ist kein Pferdebefehl. Der Leitsatz stammt aus dem Schweizer Lehrplan der Biogarten-Fruchtfolge und bedeutet: Nach Hü = Hülsenfrüchten kommt der stark zehrende Chabis (Kohl) dran, weil die Wurzeln von Leguminosen mit ihren Knöllchenbakterien Stickstoff aus der Luft sammeln und im Boden einbinden. Aber es heisst auch, dass abgeerntete Erbsen und Bohnen mitsamt dem Wurzelwerk wegen Krankheitserregern immer verbrannt werden sollten. Das ist schade, weil damit ein grosser Teil der Stickstoff sammelnden Knöllchenbakterien verloren geht.

Tipp: Im EM-Garten sind schädigende Keime kein Thema mehr. Deshalb bleiben bei Susanne die Wurzeln im Boden, sofern der Platz nicht sofort wieder mit Pflanzen belegt wird. Oder sie werden mitsamt dem «Bohnen- oder Erbsenstroh» auf den Kompost gebracht, statt entsorgt. So bleiben die mit Mikroben bepackten Knöllchen dem Lebenskreislauf des Gartens erhalten.

Knöllchenbakterien holen Stickstoff für den Boden aus der Luft, zum Nulltarif.

Rosenkohl behält seinen Blätterschopf, weil die Röschen schon gut ausgebildet sind.

Für die Überwinterung auf dem Beet eignen sich nur die späten Karotten. Die frühen platzen auf.

Karotten zur Einlagerung nicht waschen. Sie halten mit Erdanteilen besser durch.

Radiccio friert zurück und treibt im Frühjahr neue Rosetten.

Chilischoten für Gewürze ganz ausreifen lassen.

Rosenkohl: Wenn die Röschen noch winzig sind oder sich noch kein guter Besatz gebildet hat, wird der Blätterkopf abgenommen, damit alle Wuchskräfte in die Röschen gehen können.
Tipp: Ein Blick auf Susannes Rosenkohl zeigt, dass die kleinen Kohlkugeln schon gut entwickelt sind. In diesem Fall bleibt der Blätterschopf stehen, sonst würden die Röschen zu schnell gross und schon vor der Erntezeit «aufblättern».

Karotten: Die bereits erntereifen Wurzeln aus der Aprilsaat können im Winter nicht auf dem Beet im Freien bleiben. Die dicken Rüben würden bei Frost aufspringen. Sie werden fortlaufend bei Bedarf geerntet. Nur der letzte Satz (Ende Juni gesät) bleibt über die Wintermonate draussen auf dem Beet.
Tipp: Diese jetzt noch zu kleinen Wurzeln legen bis zum Frost ordentlich zu und werden sich durch die späte Kultur besser an die Kälte gewöhnen. Das Gleiche gilt für noch zu kleine Rote Beete, die sich dann ebenso bis zum Schnee an die Kälte akklimatisiert haben.

Radicchio: Seine Zeit für den Schnitt ist noch nicht gekommen. Er friert im Winter zurück und treibt im zeitigen Frühjahr aus dem verbliebenen Wurzelstock neu durch. Erst dann bildet er die allseits bekannten weinroten Blattrosetten.
Tipp: Alte Sorten enthalten noch die Bitterstoffe der Zichoriensalate, die für unsere Verdauung so wichtig sind, während die modernen Züchtungen auf Zartheit im Geschmack und schöne rote Ausfärbung zielen. Das heisst aber auch, dass diese auf Wohlgeschmack ausgerichteten Radicchio weniger Wertstoffe beinhalten.

Aktuell

AUSSAATEN

Herbstrüben, Kresse, Feldsalat, Winterkopfsalat, Winterportulak. Letzte Sätze von Pflück- und Schnittsalat, Radieschen.

PFLANZEN

Frühlingszwiebeln und Knoblauch stecken. Letzter Satz von Chinakohl, Endivie, Pak Choi, Fenchel, Kohlrabi.

PFLEGEN

Triebspitzen mit Blütenansätzen von Auberginen und Paprika einkürzen, damit alle Kraft in die reifenden Früchte gehen kann. Bei anhaltender Trockenheit giessen, ausser erntereifes Gemüse. Das hat eine bessere Lagerfähigkeit, wenn das Pflanzengewebe nicht zuviel Wasser enthält.

ERNTEN

Auberginen, Bohnen, Brokkoli, Gurken, Fenchel, Karotten, Kartoffeln, erste Kürbis, Lauch, Paprika, Sommerrettich, Salate, Mangold, Tomaten, alle Kohlarten, Zucchini, Zwiebeln.

Fenchel treibt seitlich wieder durch, wenn der Haupttrieb nicht ganz heruntergeschnitten wird.

Tomatensamen gewinnen: Bei alten, kostbaren Sorten kann die erste besonders schöne und gut ausgereifte Frucht zur Samengewinnung abgenommen werden. Das Fruchtfleisch in der Küche verwerten, die Kerne im Sieb abspülen und für 3 Tage im Wasser stehen lassen und von Zeit zu Zeit kurz umrühren (Gärprozess). Wenn die Gärung abgeschlossen ist, die feuchten Samen auf einem Tuch ausgebreitet trocknen lassen. In einem Glas verschlossen bis zur Aussaat im Frühling kühl und dunkel aufbewahren.

Späten Kohl düngen: Die «Düngesaison» ist ab August abgeschlossen. Eine Ausnahme ist die Nachdüngung für späte Kohlarten, den letzten Karottensatz und Sellerie.

Tomatentest: Oben die konventionell angebaute schwimmt, ihr Gewebe ist wässerig. Die untere aus EM-Anbau sinkt ab. Das feste Gewebe wiegt schwerer.

Kohl mit Brennnessel-Beinwelljauche düngen.

Alte Tomatensorten mit Herz: Samen von diesem «Liebesapfel» muss selber vermehrt werden, weil er nicht mehr im Handel erhältlich ist.

Kerbel für den Herbst säen.

Rukola kann bereits 4 Wochen nach Aussaat geschnitten werden.

Tipp: Damit diese Spätgemüse noch ordentlich zulegen können, jetzt mit einer verdünnten Brennnessel- und Beinwelljauche oder verdünntem Bokashi-Sickersaft giessen.

Frühlingskräuter für Herbstsalate: Kerbel, einjähriger Rukola, Dill und Kresse brauchen für ihr Wachstum die kürzeren Tage und kühleren Nächte und muntern in der Schüssel derbe Herbstsalate mit frischem, aromatischem Goût auf. Wegen der Herbstfeuchte nicht zu dicht aussäen.
Tipp: Wenn sich erste Frostnächte ankündigen, diese Kräuter mit Vlies schützen. Sie liefern ihr frisches Grün noch lange bis in den Winter hinein.

Kartoffeln erst dann ausgraben, wenn das Kraut ganz abgedorrt ist.

Kartoffelernte

Bei Frühkartoffeln ist die Erntezeit da, wenn sich die dünne Schale nicht mehr abreiben lässt. Im September zeigen späte Sorten ihre Reife mit absterbendem Kraut an. Idealer Erntezeitpunkt ist nach ein paar sonnigen Tagen, wenn die Erde gut abgetrocknet ist. Mit der Grabgabel zunächst den Kartoffeldamm vorsichtig abziehen, dann ca. 30 cm von der Pflanzenmitte entfernt in den Boden einstechen und die Knollen behutsam aushebeln. Verletzte Erdäpfel aussortieren und sofort verbrauchen. Die Knollen an einem dunklen, trockenen Platz ein paar Tage abtrocknen lassen. Kühl, feucht und dunkel bei 8 – 4 °C einkellern, weit weg von reifendem Obst wie Äpfel oder von Zwiebeln, damit die Kartoffeln durch die Reifegase des Obstes nicht zu früh zur Keimung angeregt werden.
Tipp: Schon jetzt von den kleineren Knollen die nötige Menge als Saatkartoffeln aufheben und mit EM-Keramikpulver überpudern. Versuche haben gezeigt, dass bei Pflanzkartoffeln, direkt nach der Ernte mit dem Pulver vermischt, die Stauden mit den besten Widerstandskräften heranwachsen und die grössten und gesündesten Erträge bringen. Knollen mit grünen Stellen nicht wegwerfen. Sie eignen sich ebenso wie andere Kartoffeln als Saatgut.

Da purzeln goldige «Kerle» ans Tageslicht.

Saatkartoffeln gleich nach der Ernte mit EM-Keramikpulver überstreuen. Das Pulver wirkt antioxidativ und macht die Knollen widerstandsfähiger.

Zuckermais hat die richtige Reife, wenn die Kolben gelblich werden und bei Daumendruck der Milchsaft aus dem Korn herausspritzt.
Tipp: Ist der Zeitpunkt verpasst, eignet sich das hart geworden Maiskorn noch zu Polenta (Maisbrei).

Wenn der Milchsaft auf Daumendruck herausspritzt, hat der Mais zum Frischverzehr die richtige Reife.

Sommerzwiebeln: Der Reifegrad für die Ernte richtet sich nach Höhenlage und Witterungsverlauf des Sommers. Er ist erreicht, wenn sich das Zwiebelrohr von allein umlegt, weil der Saftstrom aufgehört hat.
Tipp: Wird das Zwiebellaub vorzeitig umgeknickt, geben die Zwiebelrohre den Impuls, neue Triebe zu bilden und versuchen, das Laub beim nächsten Regen wieder aufzurichten. Der hohe Wassergehalt dieser «unreifen» Zwiebeln beeinträchtigt die Lagerfähigkeit.
Winterzwiebeln werden Ende September gepflanzt. Zu früh gesetzte haben sich bis zur kalten Jahreszeit zu weit entwickelt. Das löst bei Frost den Blühimpuls aus und es gibt im Frühjahr statt dicker Knollen nur ausgewachsene Blütenstängel.
Tipp: Wer ab April schöne Frühlingszwiebeln ernten möchte und auf ausgereifte Knollen verzichten will, kann die kleinen Knollen Anfang September setzen.

Frühlingszwiebeln können jetzt gesteckt werden.

Zwiebelzopf flechten

1 Lose Zwiebelschalen abputzen, Wurzeln einkürzen, eingetrocknete Zwiebelrohre stehen lassen. Nach Grössen sortieren.
2 Mit drei kleinen Zwiebeln beginnen: Mit einer Schnur aus Naturmaterial wie Sisal oder Hanf zusammenbinden.
3 In die Zwischenräume der bereits eingebundenen Zwiebeln die nächst grösseren anlegen und mit Schnur umschlingen.
4 Zuletzt die grössten einfügen und mit den anderen Zwiebelröhren mit Schnur verknoten. Überstehendes Zwiebellaub abschneiden.
5 Die fertigen Zöpfe trocken und luftig am schattigen Platz zum Nachtrocken aufhängen, z. B. unter dem Dach.

Wenn sich der Apfel mit einem leichten Dreh vom Zweig löst, ist das ein Zeichen für Reife. Mit EM-Pflege gewachsen, bleibt er sehr lange lagerfähig.

Obst und Beeren

Pfirsiche haben mit EM-Behandlungen selbst zur Reifezeit noch völlig gesundes Laub. Pflaumen und frühe Zwetschgen verlocken uns, in die blaue Fülle zu greifen. Frühäpfel kriegen rote Backen und lassen sich leicht vom Zweig abdrehen. Die ersten Birnen sollten gepflückt werden. Der Holunderstrauch wird von Vögeln besucht. Sie lassen völlig arglos und unverfroren dunkle Kleckse auf die frisch gewaschene Wäsche am Ständer fallen. Dann doch die Beeren lieber selber ernten und feine Marmelade daraus machen. Brombeeren einfrieren und daraus im Winter portionenweise Konfitüre kochen oder in Muffins einbacken. Wo fangen wir am besten an?

Erntezeit

Gesunde Blätter, einwandfreie Früchte und hohe Erträge sind der Lohn für die Aufwendungen übers ganze Gartenjahr. Im Rückblick hatte man mit EM sogar weniger Arbeit als vorher. Viele vorbeugende Massnahmen sind nicht mehr nötig. Obst, das ohne Gift reifen durfte, schmeckt besser. Mit EM-Behandlungen sind die Früchte nochmals eine ganze Stufe schmackhafter, vollkommener in der Fruchtausbildung und an bioaktiven Stoffen reicher geworden. Dieses Obst übersteht Transporte und die Lagerung um einige Quoten besser.

Tipp: Kurz vor der Ernte das Obst mit einer EML spritzen. Es bleibt im Lager länger stabil und gesund.

Vor dem Mosten die Äpfel mit EML waschen.

Der Saft von Äpfeln aus EM-Anbau kann wie Sirup verdünnt werden und schmeckt immer noch voll. Trauben haben weniger faule Beeren, die die Qualität eines Weines negativ beeinflussen würden.
Tipp: Weil Äpfel in der Mosterei oft ein paar Tage verweilen, das Obst mit EML übersprühen oder waschen. Schalenverletzungen verbräunen und faulen nicht.

Blumen – Gehölze – Biotope

Starke Farben der Rudbeckien, Dahlien und Astern beherrschen das Gartenbild.

Bohnentipi: Ein Gehölz musste gerodet werden. Weil der Boden sehr ausgemergelt war, wurde nicht sofort ein Ersatz gepflanzt, sondern für eine Saison lang Stangenbohnen als Stickstoff anreichernde Zwischenfrucht gesetzt (Seite 181). Das möbelt den müden Boden fast zum Nulltarif wieder auf.
Tipp: Bei den Enkeln zum beliebten Unterschlupf avanciert, bringt das Bohnenzelt zudem noch eine ordentliche Ernte.

Die Wurzeln des Bohnentipis reichern den Boden des gerodeten Strauches mit Stickstoff an.

Für Tee und Dekorationen werden Hopfenzäpfchen geerntet, wenn sie noch grün sind.

Schneeglöckchen wie Märzenbecher im Herbst möglichst früh setzen, solange sie noch frisch sind.

Ein Teppich aus Frühlingsalpenveilchen passt in die Nähe von weisser Schneeheide.

Hopfen ist Schmuck und Tee: Er berankt Torbögen oder Pergolen wie eine Girlande. Seine Früchte zieren. Guten Schlaf verspricht ein wohlschmeckender Tee, wenn die getrockneten Hopfenzäpfchen mit zugekauften Orangenblüten vermischt werden.
Tipp: Die Hopfenfrüchte für Dekorationszwecke und Tee bereits im gelbgrünen Kleid trocknen. Verbräunt zerfallen die Zäpfchen und ist alle Heilkraft verflogen.

Vorfreude auf den nächsten Frühling verstecken und sich im März wundern, was uns da aus allen Ecken heraus anstrahlt. Doch, wer denkt denn jetzt schon an den Frühling, wenn doch alles noch so schön blüht? Das Blumenzwiebelangebot im Gartencenter macht uns darauf aufmerksam, dass es an der Zeit ist, zu pflanzen, was im noch kahlen Frühling munter blühen soll.
Tipp: Auf Qualität achten. Die Zwiebeln und Knollen sollten prall und fest sein. Märzenbecher und Schneeglöckchen schrumpeln schnell, verlieren an Blühkraft und sollten gesetzt werden, sobald sie Anfang September in den Verkaufsregalen angeboten werden.

Pflanzplätze finden: Überall in die Zwischenräume von hohen Stauden kleine Gruppen von Krokus, Wildtulpen, Schneestolz und Anemonen pflanzen, denn genau auf diesen Plätzen bleibt es im Frühling lange braun, bis das neue Blattwerk der Sommerblühenden den Boden und vergilbendes Zwiebellaub schön zudeckt. Die Pflanztiefe wird von der Zwiebelgrösse bestimmt: man rechnet das 2- bis 3-Fache der Zwiebelhöhe. In kleinen Gruppen von 10 bis 15 Stück ist die Wirkung am besten. Im Rasen die ganz frühen Wildkrokusse stecken. Die haben bereits vergilbendes Laub, wenn das Gras das erste Mal gemäht werden sollte.
Tipp: Zum Pflanzen eine Rasensode abstechen, die Erde der freigelegten Fläche (Pflanzsohle) mit EM+U einpudern, die mit EM-Keramikpulver eingestäubten Zwiebelchen mit einem Abstand von 3 bis 4 cm

Wildtulpe Tulipa greigii und Traubenhyacinthen sind wie in ihrer orientalischen Heimat gute Nachbarn. Beide bevorzugen den sommertrockenen Platz.

Eine zauberhafte Tulpenwiese. Man könnte auch Tulpen mit verschiedensten Farbtönen in einem Korb mischen und auf dem Pflanzplatz locker ausstreuen. Es ergeben sich überraschende Farbkompositionen.

Stiefmütterchen und andere Zweijährige leuchten mit EM-Pflege intensiver.

Starke, gut durchwurzelte Jungpflanzen von Bellis dank EM.

auf die Pflanzsohle setzen und die Rasensode wieder auflegen. Kein Mensch ahnt, dass hier kleine Frühlingswunder versteckt wurden.

Zweijährige Frühlingsblüher wie Stiefmütterchen, Bellis, Vergissmeinnicht und Goldlack eintopfen oder auf die Beete pflanzen.
Tipp: Beim Eintopfen ein Bokashidepot in den Topf einlegen (Seite 109), um Mehltau vorzubeugen.
Verwelkte Blumen der öfter blühenden Rosen. Anfang September Abgeblühtes bis unter das 2. Laubblatt abschneiden. Es bildet sich ein letzter Flor, der bis zum Frost anhält.
Tipp: Weiterhin Pflegespritzungen mit EMa und EM5 machen. Wildtriebe entfernen und die Veredelungsstellen 5 cm hoch mit Erde überdecken.

Balkon- und Zimmerpflanzen

Mit der Pflege von EM strahlen die Blumen und südlichen Gehölze immer noch Frische aus. Verwelktes wird weiterhin ausgezupft und abgeschnitten. Für den Herbst können frei gewordene Töpfe mit Gräsern, Chrysanthemen, Alpenveilchen oder herbstblühende Heide (Calluna) bepflanzt werden.

1 Feuerbohne
2 Engelstrompete (Brugmansia)
3 Selbstvermehrte Geranien.

Von reifen, gedrungenen Trieben Stecklinge schneiden und topfen.

Mit EM-Keramikpulver und EML-Pflege bewurzeln die Stecklinge schnell.

Bis zum Spätherbst sind daraus passable Jungpflanzen geworden.

Blütenpracht, die nicht enden will.

Geranien vermehren: Wer keinen Raum für die Überwinterung der Balkonkästen hat, kann aus Stecklingen Jungpflanzen im 10er Topf heranziehen. Ein anderer Grund ist, alte Sorten zu erhalten, die es auf dem Markt nicht mehr gibt. Die Pflanzen beanspruchen weniger Platz als die Kästen. Der Arbeitsablauf ist wie bei den Kräuterstecklingen im August ab Seite 175.

Tipp: Ab Ende August/Anfang September mit der Vermehrung beginnen. Wüchsige Triebe mit kurzen Blattabständen (Internodien) verwenden. Knospenansätze ausbrechen.

Ab September Balkon- und Kübelpflanzen nicht mehr düngen. Es macht keinen Sinn, die Pflanzen aufzupuschen, wenn im Herbst der Saftstrom zurückgeht. Die weichen Triebe sollten noch etwas aushärten, wie es die Natur zu dieser Jahreszeit vorgesehen hat und auch deshalb, damit sie das Winterquartier besser überstehen.

Rezepte

Gut ausgereifte Tomaten aus EM-Anbau haben ein unvergleichlich intensives Aroma, wie man es vom «Liebesapfel» aus dem Supermarkt nicht mehr kennt.

Sigemars Dörrapparat, Marke Eigenbau, mit Glühbirnen geheizt. Die Tomaten werden schonend unter 40 °C getrocknet.

Tomaten dörren: Es eignen sich alle Sorten ohne Kerne. Kirschtomaten (entkernen) sind besonders aromatisch und schnell getrocknet:

- Grosse Früchte in dicke Scheiben schneiden, kleinere halbieren oder vierteln.

- Früchte auf das Dörrsieb oder ein gelochtes Blech legen.

Im Backofen bei 50 °C und leicht geöffneter Tür oder im Dörrapparat nach Vorschrift trocknen. Die Tomaten sollten sich noch elastisch sein und sich wie Leder biegen lassen.

Annes[CH] getrocknete Tomaten in Öl

Dörrtomaten in Gläser einschichten:

- Jede Lage abwechselnd mit Salbei und Basilikum belegen
- mit EM-Salz und Pfeffer würzen
- mit EM-Olivenöl auffüllen.

Die letzte Lage mit Salbeiblättern abdecken und mit einem kleinen, sauberen Stein beschweren. Mindestens einen Zentimeter hoch mit Öl überdecken und das Glas gut verschliessen.

Tipp: Jede Schicht mit dem Teelöffelrücken zusammendrücken. Pro Glas eine EM-Keramikpipe einlegen (für eine sichere Haltbarkeit).

Gedörrte Tomaten in Öl, zusammen mit Kräutern und einer Keramikpipe eingelegt und mit EM-Salz gewürzt.

Angelikas[A] Holla-Birne-Schokomarmelade

Wer diese Marmelade einmal probiert hat, träumt ewig davon. Schwarzer Holunder und die ersten Birnen sind reif:

- 1 kg vollreife Holunderbeeren, gewaschen und abgezupft
- 1 kg Birnen, geschält, in Stücke geschnitten
- 1 kg Rohrohrzucker + 400 g Gelierzucker
- 100 g dunkle Schokolade (mind. 80 % Kakaoanteil), gerieben.

Aus den Träumen des Sommers wird im Herbst Marmelade gemacht.

Englische Gartenweisheit.

Holunderbeeren, Birnen und Zucker gut kochen, durch die Lotte* passieren. Nochmals mit dem Gelierzucker aufkochen. Gelierprobe machen, eventuell noch etwas Gelierzucker nachgeben. Direkt vor dem Abfüllen die Schokolade einrühren. Die Marmelade heiss (mind. 75 °C) in vorbereitete Gläser einfüllen und verschliessen.

Angelikas Holla-Birne-Schokoladen-Marmelade ist eine Konfitüre der Extraklasse.

Angelikas[A] Tomaten-Kräuter-Essig

Ein milder Essig mit einem nicht zu beschreibenden Goût, einfach delikat. Er passt wunderbar zu Tomaten- und zarten Blattsalaten und aromatisiert feine Cremespeisen. Es ist wie bei allen Speisezutaten: Die Ausgangsqualität muss stimmen. Angelika baut seit Jahren ihr Gemüse mit EM an. Kein Wunder, schmeckt es bei ihr so ausgezeichnet.

EM-Chili haben eine intensive, runde Schärfe.

Tomatenessig: Einfach besonders, einfach gut.

Zutaten:

- 500 ml Biotraubensaft
- 1 l Bioweissweinessig (weisser Balsamico)
- 50 g Basilikumblätter (grüner Genoveser)
- 25 g Dillkraut
- 30 g Rosa Pfeffer
- 250 g getrocknete Tomaten.

Alle Zutaten bis auf den Pfeffer grob zerkleinern. Den Pfeffer ganz lassen, nur ein paar davon zerdrücken, damit der Essig nicht zu scharf wird. Alle Zutaten im 2-Liter-Glas (Einweckglas) 3 Wochen an einen sonnigen Platz stellen. Den Essig filtrieren (im Falten- oder Kaffeefilter). In Flaschen abgefüllt dunkel lagern.

Mit den vielen Kräutern wird das Chiliöl zur auserlesenen Delikatesse.

Angelikas[A] Chili-Öl

Paprika und Chili sind reif. In Angelikas Garten wachsen 80 verschiedene Sorten. Das Besondere an diesem scharfen Öl ist die Kombination der Kräuter (voller Gesundstoffe).

Zutaten:

- 1,5 l kaltgepresstes Bio-Olivenöl
- 25 getrocknete, halbierte Chilischoten
- 3 Zweige Rosmarin, 10 – 15 Blatt Ananas-Salbei,
- 4 – 5 Zweige Thymian, 10 Blatt Liebstöckel
- 20 Blatt Erdbeerminze, 4 – 5 Zweige Dill und Oregano
- 3 – 4 Zweige Zitronenstrauch und Bohnenkraut
- 10 Ringelblumenblüten und 2 Essl. Pfefferkörner.

Sämtliche Zutaten plus EM-Keramikpipes in ein Gefäss mit grosser Öffnung füllen. Die Kräuter müssen vom Öl vollständig bedeckt sein. Das Gefäss verschlossen max. 3 Wochen an dunklem Ort ziehen lassen. Das Öl filtrieren. Dann getrocknete Chili, EM-Keramikpipes und Kräuter nach Belieben in Flaschen einlegen und mit dem Chiliöl auffüllen. Kräuter und Chili müssen mit Öl bedeckt sein. Weitere 2 Wochen ziehen lassen.

Notizen

OKTOBER

Der Garten ist der letzte Luxus unserer Tage, denn er fordert das, was in unserer Gesellschaft am kostbarsten geworden ist: Zeit, Zuwendung und Raum. Dieter Kienast

In den Spinnweben hängen Tautropfenketten und glitzern im Gesträuch. Der Oktober hat viele Farbtöpfe zum Pinseln bereitgestellt. Es entstehen herrliche Kompositionen auf grossen und kleinen Blättern, wie es kein Mensch hinkriegen könnte. Die Herbstblüte hat noch manchen Gartenschatz parat. Obst- und Gemüsekorb sind randvoll mit Köstlichkeiten gefüllt.

Gemüse

Ein Arm voll herrlicher Salate.

Gartenleute kennen keinen «Herbstblues», denn was gibt es Schöneres, als die Gaben des Gartens zu verarbeiten und damit für lange Wintermonate vorzusorgen Die Erntesaison ist zwar eine intensive, aber richtig freudevolle Zeit. Auf den Beeten werden die grössten Exemplare der bunten Wurzelgemüse und vieles mehr geerntet. Das sind gute Aussichten für einen Winter mit Gemüse voll eingefangener Sonne und intensivem Geschmack. In der Küche ist der Dörrapparat Tag und Nacht in Betrieb.

Ein kleines Stück Land mit Leben vermittelnder Gesundkost.

Kürbis: Die ersten dicken Beeren verlocken zur Ernte. Susanne klopft auf die Kürbisbälle, um zu hören, ob sie schon hohl klingen. Weitere Merkmale für die Reife sind ein harter, verholzter Stielansatz und eine ledrige Fruchthaut, die sich nicht mehr mit dem Fingernagel einritzen lässt.
Beim Schnitt ungefähr 5 cm Stiel an der Frucht stehen lassen, um das Fruchtfleisch der Grossbeere nicht zu verletzen. Die dicken Kugeln werden bis zum Frost unter dem Vordach des Speichers an der frischen Luft zwischengelagert, damit die Riesenbeeren ihr Aroma voll ausbilden können. Ein anderer kühler und trockener Platz wäre zum Beispiel auf den Stufen eines kühlen Treppenhauses.
Tipp: Zum Herbstbild der Kürbisgewächse gehört der Reifemehltau auf den Blättern. Das ist ein natürlicher Abbauprozess und lässt die darunter reifenden Früchte ans Licht. Diese Mehltauform ist keine Krankheit. Das Laub kann ohne weiteres auf dem Kompost entsorgt oder zu Bokashi fermentiert werden.

«Hokaido» kommt ungeschält in den Suppentopf.

Zuckerhut: Die Grössten unter ihnen werden abgeschnitten, in Zeitungspapier eingewickelt und bis zum Verzehr eng aneinander in einer Obstkiste im Keller-Lichtschacht oder an geschützten Unterständen abgestellt.
Tipp: Die kleineren Zuckerhüte wachsen auf dem Beet noch weiter und gewöhnen sich dabei an kühlere Tage.

Chinakohl wässern: Als Mitglied der Kohlfamilie ist er bekömmlicher als seine Blattkohl-Verwandten. Er wurzelt flach und braucht an trockenen Herbsttagen mehr Wasser als andere Gemüse, damit sein mildes Aroma erhalten bleibt. Eine dünne Mulchschicht hält den Boden feucht und die Erdflöhe fern.
Tipp: Ausser Chinakohl brauchen auch Kohlrabi, Blumenkohl, Karotten, Sellerie und Fenchel bei Trockenheit ordentliche Wassergaben, damit sie noch weiterwachsen und nicht holzig werden.

Chinakohl öfter giessen. Er trocknet schneller aus als andere Kohlarten, weil er flach wurzelt.

Beete jäten: Unerwünschte Beikräuter zum Verrotten liegenlassen. So geben wir dem Garten zurück, was er braucht, denn viele dieser Pflanzen helfen, Mangelsituationen im Boden auszugleichen.

Riesenkohlrabi «Superschmelz» bleibt im Lager bis zum Frühjahr zart.

Ein letzter Blumenkohl mit stattlichem Umfang.

Von Borlotti-Bohnen werden die Kerne getrocknet.

Karotten bleiben im Winter angehäufelt auf dem Beet. Das verhindert grüne Wurzelköpfe und wärmt. Tipp: Im Sommer angehäufelt, schützt der Erdkragen vor Möhrenfliegen.

Aktuell

AUSSAATEN

Freiland Anfang Oktober: Winterkefen, Gründünger auf abgeerntete Beete säen wie Phacelia, Senf, Spinat oder Winterroggen.
Unter Glas: Kresse, Feldsalat, Radieschen, Rukola, Spinat.

PFLANZEN

Freiland: Ende September bis Anfang Oktober letzter Satz Feldsalat, Knoblauch, Rhabarber, Winterblumenkohl, Winterkopfsalat, winterharte Kräuter.
Unter Glas: Kohlrabi, Winterkopfsalat, Feldsalat.

PFLEGEN

Die Wärme liebenden wie Kohlrabi und Blumenkohl bei Nachtfrösten mit einem Vlies schützen. Reifende Kürbisse mit Holzlatten unterlegen. Ersten Satz von Chicorée zum Treiben hereinholen und aufsetzen. Abgeerntete Beete mulchen.

ERNTEN

Letzte Bohnen, Fenchel, Kopfsalat, Paprika, Rettich, Tomaten, Zucchini. Wurzeln von Meerrettich ausgraben, auch von Wurzelheilkräutern wie Beinwell, Baldrian und Engelwurz für Tee, Salben und Umschläge.

Winterkefen säen: Sind Kefen noch nie so richtig gewachsen, weil der Boden sehr trocken ist? Dann könnte eine Saat jetzt im Oktober erfolgreich sein. Die Pflanzen haben ihren hohen Wasseranspruch hinter sich, bevor es im Frühjahr trocken wird. Der Reihen- und Pflanzabstand beträgt 60 cm, wenn je 3 Kerne in 8 bis 10 Gruppen kreisförmig

ausgelegt werden, damit im Frühjahr Stecken in die Kreismitte gesetzt werden können (Seite 83). Geerntet wird von Ende Mai bis Juli.
Tipp: Die Samen keimen noch vor der Kälte, überwintern als Jungpflanzen und wachsen dann im Frühjahr weiter. Sie vertragen Frost bis -12 Grad Celsius. Durch die Herbstaussaat kann im Frühjahr bis zu 3 Wochen früher geerntet werden (vor allem in milden Klimazonen).

Samen von Stockrosen (Althea) für das nächste Jahr sammeln.

Samen für die nächste Gartenrunde sammeln, für Gewürze, Tee und die nächste Gemüse-Ernte: An sonnigen Tagen ist es ein besonderes Fest, wenn Susanne von den Samenträgern verschiedener Gemüse und Blumen Portionen reifer Körner aus den trockenen Fruchtständen von Lauch, Karotten, Bohnen, Stockrosen, Tagetes, Ringelblumen, Sonnenblumen, Gewürzfenchel, Dill und Petersilie absammelt. Sie sieht schon jetzt in Gedanken, wie das gesunde, an heimisches Klima gewöhnte und EM-gepflegte Bio-Saatgut als Keimlinge voller Kraft in die Frühlingssonne blinzelt. Was übrig bleibt, wird zu Vogelfutter aufbereitet.
Tipp: Die Samenportionen mit EM-Keramikpulver überstäuben und in Tüten oder Schraubgläsern dunkel und kühl aufbewahren.

Ringelblumensamen (Calendula), noch nicht ganz reif.

Wenn Petersilie nicht keimen und wachsen will: Immer wieder hört man von Gartenleuten, dass bei ihnen einfach keine Petersilie wachsen will und sie kaufen die Pflanzen jedes Jahr aufs Neue. Auf den Samentüten steht, dass das Suppenkraut ab März ausgesät wird. Aus Susannes Erfahrung wäre der August der bessere Zeitpunkt. Wer eine Pflanze stehen und blühen lässt, kann im Herbst den eigenen Samen ernten.
Tipp: Die Samendolde auf die Erde legen, mit Tannenzweigen schattieren. Auf diese Weise kann der Samen keimen, wann er will und es für ihn günstig ist.

Körner aus den Samenständen klopfen.

Vorsichtig pusten, um die «Spreu» vom Korn zu trennen.

Samendolden von Petersilie auf die Erde ablegen. Das Korn kann keimen, wann es will – und ohne «Regie» von uns.

Käsepappel (Malva sylvestris) fehlt in keinem Bauerngarten.

Feldsalat gibt es bei Susanne zu allen Jahreszeiten. Wenn der letzte Aussaattermin im Freien Ende August verpasst wurde oder einfach kein Platz auf den Beeten war, kann der Salat für die November- und Dezemberernte in 5-cm-Lochplatten ausgesät werden:

- Schalen mit Bokahi und Erde füllen (wie auf Seite 97)
- den Samen über die ganze Platte breitwürfig aussäen
- mit wenig Erde übersieben
- eine leere Lochplatte oder passende Schale 5 Tage kopfüber auf die Aussaat stülpen (abdunkeln).

Tipp: Samen, die mit EM-Keramikpulver vermischt wurden, keimen bis zu 7 Tage eher als üblich.

Feldsalat pflanzen: Durch die breitwürfige Aussaat sitzen die Sämlinge in den Löchern der Platte in kleinen Gruppen. Wenn sich nach den Keimblättern die nächsten adulten* Blätter gebildet haben und die Erde gut durchwurzelt ist, wird es den Jungpflänzchen zu eng. Sie kommen in das gut mit Bokashi ausgestattete Frühbeet oder in flachen Kisten ausgepflanzt ins Gewächshaus.

Feldsalat pflanzen

In die Pflanzschale eine dünne Schicht Bokashi einfüllen.

EM+U überstreuen.

Schale mit Erde auffüllen.

Bewurzelte Feldsalatsämlinge im Abstand von 10 cm einsetzen.

Schalen angiessen und im Gewächshaus aufstellen …

… oder den Feldsalat im Frühbeetkasten auspflanzen.

Tomaten nachreifen lassen: Wenn Tomaten in der Oktoberkühle nicht mehr reifen wollen, kann eine «Notreife» eingeleitet werden. Die noch grünen Früchte in eine Obstkiste ausgebreitet am warmen Ort bei 18 bis 20 °C lagern. Ein paar Äpfel dazwischen sorgen mit ihrem ausströmenden Reifegas Äthylen für die Rötung der Tomaten, wenn sie mit einer Zeitungspapierhaube bedeckt werden, in der sich das Gas fangen kann. Ist der Oktober noch behaglich warm, können Bananen, im Tomatenstock aufgehängt, die Reife fördern. Tomaten werden aromatischer, wenn sie auf geschützter, warmer Erde für ein paar Tage bis zur Rötung liegen bleiben.

Tomaten mit Wurzelstock und Stecken ausgraben. Im Gewächshaus ans Glas lehnen.

Tipp: Susanne gräbt die ganze Pflanze aus und lehnt die noch am Stab aufgebundenen Pflanzen mitsamt dem trockenen Wurzelballen an die Glaswand an. Jetzt wird nicht mehr gegossen. Die noch grünen Früchte reifen nach und nach und nehmen dabei aus dem Laub das typische Aroma auf. Diese Tomaten schmecken deshalb wie frisch geerntet. Lässt man Tomaten abgepflückt in Kisten nachreifen, werden sie zwar auch rot. Ihnen fehlt aber der vom Blatt übertragene würzige Geschmack .

Links: Apfelringe ohne EM verbräunen sofort. Rechts: Mit EM besprüht, bleiben sie hell.

Früchte dörren: Wohin mit der Ernte, wenn der Platz im Keller nicht ausreicht? Einfach trocknen, dann braucht man nur noch einen Zehntel des Lagervolumens. Das Dörren ist eine ganz alte Art der Konservierung. Wer kann sich an aufgefädelte Pilz- und Apfelscheiben über dem Holzherd erinnern? Dabei verstaubte das Dörrgut und hatten die Dörrobstmotten viel Zeit, in Ruhe ihre Eier abzulegen. Heute ist diese Verarbeitung dank Backofen oder elektrischem Dörrapparat unkomplizierter, schneller und sicherer vor Insektenbefall. Herbsthimbeeren, Champignons von der Wiese und der Bohnenüberschuss kommen in den Dörrapparat. Kernlose Fleischtomaten oder Pelatis in

Allerlei Gedörrtes: Äpfel, Pilze, Bohnen, Himbeeren, Süsskirschen, Tomaten.

Bohnen und Mangold heiss in Gläser füllen.

1 cm dicke Scheiben schneiden und trocknen. Cherrytomaten halbieren und Kerne entfernen.

Tipp: Damit Apfelringe ohne zu verbräunen schön weiss bleiben, werden sie sofort nach dem Rüsten mit einer EM-Lösung (20 ml EM auf 1 Liter Wasser) eingesprüht.

Noch eine praktische Art, zu konservieren: Eine einfache Methode ist, das gerüstete Gemüse in Salzwasser bissfest zu garen und dann einen Schuss Apfelessig zuzufügen. In heiss vorgewärmte Gläser einfüllen. Dabei werden die Sauerstoff abhängigen Bakterien (abbauend wirkende) zerstört. Das Kochwasser muss das Gemüse vollständig überdecken. Die Gläser sofort fest verschliessen.

Tipp: Am besten ist es, neue Schraubdeckel zu verwenden. Bei alten solche nehmen, die sich von Hand öffnen lassen, z. B. von Senf, Mayonnaise oder Tomatensosse. Auch sollten diese Deckel keine Rostspuren haben. Rost ist ein Vitamin C-Killer.

Obst und Beeren

Äpfel, Birnen, Quitten, Nüsse und vieles mehr sollten gepflückt und eingelagert werden. Trauben an der Pergola wandern von der Rebe direkt oder auf dem Umweg übers Müsli in den Mund. Der Herbst ist eine herrliche Zeit, wenn man Zeit hätte …

Obst einkellern: Ein kühler, dunkler Obstkeller, mit EML gereinigt und mit Temperaturen von 3 bis 6 °C und einer hohen Luftfeuchtigkeit bis 90 % wäre der ideale Ort. Das Obst in Hurden in 2, maximal 3 Schichten einlagern, dabei schadhafte Früchte gleich auslesen und sofort verwerten. Äpfel auf dem Stiel, Birnen auf dem Kelch oder auf der Seite ablegen, damit überall Luft durchstreichen kann.

Tipp: Solange der Keller noch nicht ausgekühlt ist, können die gefüllten Obstkisten nordseits eines Gebäudes am schattigen Platz zwischengelagert werden. Eine Ernte an Fruchttagen bei aufsteigendem Mond steigert die Lagerfähigkeit.

Zu Gast auf dem Birnbaum: Wespen und der Admiral laben sich am süssen Saft.

Es ist Erntezeit.

Äpfel sorgfältig in maximal 3 Lagen übereinander einkellern.

Obst an Fruchttagen bei aufsteigendem Mond pflücken.

Aktuell

Obstgehölze und Beerensträucher pflanzen (Seite 85).
Bei der Sortenwahl auf Befruchtungspartner achten.
Abgeerntete Herbsthimbeeren (Autumn Bliss-Sorten) erst im Frühling zurückschneiden.
Abgetragene Ruten der Brombeeren herausschneiden.
Lagerobst (Apfel, Birne) kurz vor der Genussreife pflücken.
Hagebutten, Kornelkirschen und Sanddorn vor dem Frost ernten.

Die Walnuss ist reif, wenn die Fruchtschale aufplatzt.

Walnüsse ernten: Die gehaltvolle Nuss ist reif, wenn sich die grüne Fruchtschale leicht vom Kern löst. Die Nüsse luftig und trocken lagern, denn Feuchtigkeit ruft Schimmel herbei und macht die Nüsse ungeniessbar.
Tipp: Den Lagerort mit EML reinigen, die Nüsse übersprühen und wieder trocknen lassen, verhindert Schimmel.

Blumen – Gehölze – Biotope

Kühle Nächte geben das Signal für Gehölze, den Saftstrom zu den Blättern zu stoppen. Es bildet sich eine korkartige Trennschicht zwischen Blatt und Zweig. Die Chlorophyllproduktion der Photosynthese hört auf. Unter verblassendem Blattgrün kommen das gelbe Carotinoid und rote Anthozyan zum Vorschein und mischen den Farbenrausch des Herbstes jedes Jahr aufs Neue mit berückenden Nuancen auf. Die täglich tiefer stehende Sonne schickt ihre Strahlen von der Seite her durchs Gezweig und entflammt das Feuerwerk der Natur. Es ist ein Finale, das den neuen Beginn im Frühling bereits in sich birgt.

Herrlicher Duft: Der Strauch der 7 Himmelssöhne blüht im Herbst.

Beerenschmuck ist das i-Tüpfelchen im bunten Gartenbild: Hagebutten in verschiedensten Farben und Formen, Zieräpfel in gelb und rot, dunkelblau die Früchte der Schlehen und der Mahonien. Sauerdorn (Berberitze), Feuerdorn (Pyracanthus) und Weissdorn (Crataegus) schmücken mit weithin leuchtenden Früchten. Blüten sind selten.

Tipp: Eine Ausnahme macht der Strauch der Sieben Himmelssöhne (Heptacodium myconioides). Er ist bei uns in den Gärten selten anzutreffen, obwohl der Gast aus China bis zum Frost herrlich blüht und duftet.

Die Kartoffelrose (Rosa Rugosa).

Neue Rosen auf dem bisherigen Rosenplatz pflanzen? Davon wird abgeraten, weil sich nach jahrelangem Bestand der Vorgängerinnen zu viele Wurzelälchen angesammelt haben, die sich sofort über den Neuankömmling hermachen.

Wurzelnackte Rosen kommen aus dem Kühlhaus, unbelaubt und ohne Erdballen. Sie werden vor der Pflanzung einige Stunden gewässert, damit sich die Wurzeln vollsaugen können und der Saftstrom angeregt wird. Dann wird frisiert:

Die wurzelnackte Rose, wie sie vom Gärtner kommt.

Die Wurzeln auf 15 cm einkürzen.

Schwache, verdorrte und abgeknickte Triebe abschneiden.

Auf 3 bis 5 Augen zurückschneiden.

Sauber «frisiert» und pflanzbereit.

Die gewässerten Wurzeln mit EM-Keramikpulver einstäuben.

Zur Pflanzung im Prinzip genau so vorgehen wie bei der Obstbaumpflanzung ab Seite 84:

- Für das Pflanzloch die Erde mindestens 70 cm tief ausheben und auf dem Bokashiwalm entsorgen.

Neue Erde aus dem Garten aufbessern: Pro Loch

- 1 Hand voll EM+U
- 2 Hand voll vererdetes Bokashi oder 1 Hand voll fertiges Düngerbokashi
- 1 Hand voll Terra Preta.

Die Schlehe fängt die meiste Sonne ein: Sie blüht bereits im März und ist erst nach einem Frost reif.

Alles gut mit der neuen Erde vermischen.

- In das Loch eine 10 cm hohe Schicht frisches Bokashi füllen, verfestigen und mit etwas Aushuberde überdecken.
- Die Rose in das Loch stellen. Die Wurzeln dürfen dabei nicht umgeknickt werden.
- Beim Verfüllen des Pflanzlochs den Rosenstock immer wieder leicht anheben und die Erde zwischen die Wurzeln rütteln.
- Die Veredelungsstelle sollte 5 cm tief in der Erde sitzen. Zusätzlich den Stock noch 10 cm hoch mit Erde anhäufeln.

Farbenrausch des Herbstes.

Tipp: Wird der Platz von gerodeten Rosenstöcken nicht sofort mit Rosen neu bepflanzt, sondern vom Herbst bis zum März immer wieder mit EML gegossen, werden die Älchen dezimiert. Im Frühjahr könnten die neuen Rosen – ohne mühsamen Erdewechsel – auf dem Platz ihrer Vorgänger gepflanzt werden. Das Loch nur 30 cm tief ausheben. Den Aushub wiederverwenden und wie oben beschrieben pro Loch die Erde mit Bokashi, EM+U und Terra Preta anreichern.

Ein Netz über dem Wasser fängt das Falllaub auf.

Wasser: Falllaub weht überall hin, auch ins Biotop. Nur hat es da nichts zu suchen. Es reichert das Wasser mit unerwünschten Nährstoffen an. Abhilfe schafft ein Netz, das rings um den Teich mit Heringen befestigt wird. Es fällt gar nicht auf, weil es unter der Last des Laubs unter die Wasseroberfläche sinkt. Sind die Gehölze kahl geworden, wird das Netz mitsamt dem Laub aufgeräumt.

Tipp: Eine Herbstbehandlung mit EM macht Sinn, denn die Mikroben arbeiten bei Wassertemperaturen über 5 °C fleissig weiter.

Balkon- und Zimmerpflanzen

Kästen und Kübel zeigen keine Herbstmüdigkeit. Mit EM-Pflege sieht alles noch frisch und makellos aus. Und doch läuft mit den ersten leichten Frösten die hohe Zeit der Blütenfülle ab. Sommerblumen werden abgeräumt, Pflanzen für die Überwinterung heruntergeschnitten und wie die herangezogenen Jungpflanzen für den nächsten Sommer ins Haus geräumt.

Kübel müssen nicht immer bepflanzt sein, sie können auch vom Weinlaub umgarnt werden.

Am geschützten Platz halten die Geranien lange durch.

Die letzten Tage im Freien. Die Olive muss bald ins Winterquartier zügeln.

Der Polsterphlox hat sich «mit fremden Federn geschmückt».

Kirschtomaten und Paprika haben viele schöne Früchte ausgebildet. Bei Nachtfrostgefahr mit einem Vlies schützen.

Petersilie wird demnächst fürs winterliche Gewürzgrün getopft.

Schnittlauch topfen

Für frisches Grün im Winter werden abgeerntete Schnittlauchhorste ausgegraben, geteilt, in nahrhafte Erde in Töpfe mit Bokashi-Depot gesetzt und im Garten aufgestellt, damit Frost darüber gehen kann. So kann nach den ersten Minusgraden ein Topf nach dem anderen ins Haus geholt und nach Bedarf angetrieben werden.

Tipp: Petersilie lässt sich ebenso für frisches Wintergrün vorbereiten. Die Petersilie abschneiden, die Pfahlwurzeln vorsichtig aushebeln und zu mehreren als Büschelchen in mit Erde gefüllte Töpfe (mind. 12 – 14 cm Durchmesser) versetzen. In Hausnähe oder in einer Balkonecke vor Frost geschützt einwurzeln lassen. Nach Bedarf wie beim Schnittlauch einen Topf nach dem anderen hereinholen und neu antreiben.

Tomaten, Paprika und Chili im Topf halten am geschützten Platz auf dem Balkon oder der Terrasse noch lange durch, wenn sie über Nacht mit einem Vlies eingehüllt werden. So kann noch manche Frucht am Stock reifen.

Wurzelkraft, im EM-gepflegten Boden gewachsen, zum Knabbern (Rezept auf nächster Seite).

Rezepte

Der Oktober füllt die Vorratskammer, die Verarbeitung der Ernte geht mit altbewährten und gewohnten Rezepten flott von der Hand. Und doch ist man neugierig auf Tipps und Tricks anderer Gartenleute.

Susannes[CH] milchsaures Gemüse

Ausser Gurken, Weiss-, Rotkohl und Wirsing eignen sich viele andere Gemüse ebenfalls zur milchsauren Vergärung. Portionenweise in kleine Schraubgläser eingefüllt, liefern sie im Winter herzhafte Beilagen zu Raclette.

Auch die festeren Gemüsearten einlegen: Bohnen, Karotten, Sellerie, Kohlrabi, Brokkoli, Blumenkohl, Sellerie, Rote Beete und Zucchini. Sie sind zudem gesunde Kost und heilsam für die Verdauungsorgane, insbesondere nach Belastungen durch Antibiotika und Chemotherapie. Durch die Stoffwechselarbeit der Milchsäurebakterien werden die Werte aller sekundären Pflanzenstoffe, auch das Vitamin C, erhöht. Mit dieser Art Konservierung konnten sich Seefahrer schon zu Columbuszeiten vor Skorbut schützen.

Susannes milchsaures Allerlei.

Mixed Pickles:

- Das Gemüse satt ins Glas einschichten. Gewürze wie Salz und wahlweise Koriander, Lorbeerblatt oder Wacholder dazugeben.

- Pro Glas 1 Teel. Schotte (Molke aus der Käserei) zufügen
- mit Wasser bis zum Rand auffüllen, Deckel aufsetzen und zimmerwarm aufstellen.

Während der Gärung verbraucht sich der Sauerstoff. Wenn keine Bläschen mehr aufsteigen (nach ca. 10 Tagen) wird der Vorrat zum nachreifen für 6 Wochen kühl gestellt.

Annes[CH] Wurzelchips

Warum nicht ausser Äpfel und Bohnen auch mal eine Portion Wurzelgemüse dörren? In 1 mm dicken Scheiben geschnitten, trocknen sie zu dünnen Chips. Sie schmecken und sind fröhliche Farbtupfer auf Salat, zu Suppen und anderen Speisen.

Tipp: Die Scheiben vor dem Trocknen mit EML besprühen. Die Farben bleiben frischer. Nach dem Trocknen mit wenig EM-Salz überstreuen und im fest verschlossenen Glas dunkel aufbewahren.

Das fertige Salz 3 Wochen im verschlossenen Glas reifen lassen.

EM-Salz selber vermehren

Das Rezept ist einfach:

- ein Tablett mit Haushaltspapier auslegen
- 90 – 100 g EM-Salz mit 1 kg gutem Natursalz mischen
- mit einem EM-Fermentationsgetränk wie EMX-Gold oder Manju besprühen
- Das Salz durchmischen und wieder ausbreiten. An der Sonne oder unter einer Infrarotlampe trocknen.

Diese Prozedur mehrmals wiederholen. Das Salz gut abgetrocknet im Glas fest verschlossen 3 Wochen reifen lassen.

Tipp: Möglichst keine Löffel und Schalen aus Metall nehmen, weil Eisenanteile die magnetischen Schwingungskräfte im EM-Salz abziehen könnten. Deshalb ist es ratsam, Holz oder Plastik zu verwenden.

Paprika, ganz neu als Bild interpretiert. Es macht unbewusst darauf aufmerksam, die täglichen Mahlzeiten mit Achtung und Dankbarkeit zu geniessen.

Angelikas[A] Paprika-Chilipulver

Der Respekt vor dem, was die Schöpfung wachsen lässt und die Freude am Umgang mit den Gaben des Gartens kommen bei Angelika in wunderschönen Kreationen zum Ausdruck. Jedes Glas ist ein Kunstwerk, in dem alle 80 Chili- und Paprikasorten – getrocknet und grob gemahlen – aus dem EM-Garten eingefügt wurden. Die Gläser kühl und dunkel lagern.

Tipp: Für ein buntes Schichtbild müssen es nicht 80 Farbnuancen sein, grün-gelb-rot macht sich auch ganz gut. Es ist in jedem Fall auch eine Idee für ein sehr persönliches Geschenk.

Angelikas[A] Eingelegte Chilis

Schon der Blick aufs Glas lässt einem das Wasser im Mund zusammen laufen.

Zutaten:

- ½ l Bioweinessig und ¼ l Wasser
- ¼ l Biotraubensaft
- 3 Teel. EM-Salz und 3 Teel. Rohrohrzucker.

Gewürze pro Glas (250ml)

- ½ Teel. Senfkörner
- 3 bis 4 Pfefferkörner, 2 Nelken, 2 Pimentkörner
- 3 – 4 Koriandersamen.

Chili gut waschen, Schoten mit einer dicken Nadel mehrmals anstechen. Sud aufkochen und Chilischoten 5 min köcheln, abtropfen lassen. Gewürze pro Glas verteilen. Gläser mit Chili und dem Sud heiss (75 bis 80 °C) randvoll befüllen. Sudrückstände am Glasrand und aussen mit EM-Keramikwasser abspülen und abtrocknen. Verschlossen, abgekühlt und dunkel 2 Wochen nachreifen lassen.

Der Traubensaft verleiht dem Chili eine aparte Geschmacksnote.

Susannes[CH] Sauerkraut in kleinen Portionen

Die ganze Menge Weisskohl wird bei Susanne nicht mehr in einen Tontopf eingestampft, sondern in mehreren Portionen in Gläser gefüllt. Das ist für den kleineren Haushalt sehr praktisch. Ausser Salz und etwas EM als Starthilfe für die Fermentierung verzichtet sie auf weitere Gewürze, weil sie nicht weiss, ob ihre Gäste die eine oder andere Zutat überhaupt mögen. Sie setzt Kümmel, Senfkörner oder Wacholder erst beim Zubereiten der Gerichte ein.

Ist das Kraut eingefüllt und der Deckel lose aufgelegt, setzt die Gärung für ca. 5 Tage ein. In dieser Zeit immer wieder kontrollieren. Dabei das Deckblatt (Weisskohl) leicht eindrücken. Bildet sich eine Saftpfütze, ist es gut. Bleibt die Delle trocken, muss mit wenig

Nach 4 Jahren Lagerung ist das Kraut immer noch einwandfrei und schmackhaft.

Pro Kilogramm Kraut 10 Gramm Natur- oder EM-Salz und 1 Essl. EM beigeben.

Das geschnittene Kraut mit EM und EM-Salz gut vermengen und wie Brot durchkneten, bis sich Saft bildet.

Kraut in 250-Gramm-Gläser gut einpressen (verdichten). Diese Portion reicht für 2 Personen.

Ein Kohlblatt auf Glasdurchmesser zurechtschneiden und aufs eingefüllte Kraut legen.

Ein Zuviel an Saft abgiessen.

Gefässsrand sorgfältig säubern. Deckel lose auflegen, denn in den nächsten Tagen setzt die Gärung ein.

Salzwasser ergänzt werden. Nach diesem Prozess wiederum den Gefässrand säubern. Das Glas luftdicht verschliessen, dunkel und kühl lagern.

Tipp: Man muss nicht auf die erste Sauerkrautmahlzeit bis Weihnachten warten. Man kann den noch nicht durchsäuerten Weisskohl auch schon vorher als Salat geniessen.

Susannes[CH] Beinwell-Gel für strapazierte Gärtnerhände

Beinwellstängel aufschlitzen und Gel aus dem Stängelmark schieben.

Das «Naturprodukt» Beinwellgel in die Haut einreiben.

Hände waschen, mit EMa einreiben und an der Luft trocknen lassen.

Erde unter dem Fingernagel und im Nagelbett, raue Haut und Schrunden an den Fingerkuppen: Das kennen wir, denn immer mit Handschuhen arbeiten, geht nicht. Die liegen irgendwo abgelegt oder haben sich wie Gartenscheren und Pflanzschaufeln mal wieder im Gemüsedschungel verkrümelt. Susanne hilft sich, indem sie einen Stängel des Beinwells mit dem Nagel aufritzt und das Gel aus dem Stängelmark schiebt. Die Hände damit eingerieben ist heilsam und eine Wohltat für die Haut.

Tipp: Strapazierte Gärtnerhände nach dem Waschen mit einem Schuss EMa einreiben und an der Luft abtrocknen lassen.

Notizen

Neben dem Riesenkohlrabi wirken die grossen Karotten klein.

NOVEMBER

Im Herbst steht in den Gärten die Stille, für die wir keine Zeit haben. Victor Auburtin

Die Lärche am Gartentor schüttet ein Gold aus, wie es nur die Natur herstellen kann. Selbst im Nebel leuchten die Millionen feiner Nadeln auf, bis sie der Frost herunterrieseln lässt und sie als weichen Teppich auf dem Boden ausbreitet. Und wer behauptet, der November sei trist, der hat den intensiv blauen Storchschnabel zusammen mit der Katzenminze inmitten des gelben Laubes von Gehölzen und Gräsern noch nicht erlebt. Der Erntekorb ist mit bunten Gaben für den Gaumen gefüllt. Empfindliche Gemüse kommen in den Einschlag, das robuste bleibt auf dem Beet. Das «schwarze Gold» der Gärtner wird auf dem Kompostplatz für die Arbeiter unter Tage und die nächste Saison aufbereitet.

Gemüse

Die grössten Exemplare der Wurzelgemüse werden jetzt geerntet. Wenn möglich, wartet Susanne sonnige Tage ab, damit sich die Erde besser von den Wurzeln abschütteln lässt und der Nitratgehalt des Gemüses niedrig ist. Die «Teenager» bleiben auf dem Beet. Sie können noch an Umfang zulegen und sich der zunehmenden Kälte anpassen. Dass dieses Gemüsejungvolk auch harte Frostperioden übersteht, liegt an dem mit Effektiven Mikroorganismen aktivierten Boden. Die Kleinlebewesen produzieren in der kalten Jahreszeit durch ihre Stoffwechselarbeit Wärme. So erspart man sich Arbeit, weil das Wurzelgemüse selbst in rauen Regionen während des Winters bis zum Verbrauch draussen auf dem Beet bleibt.

Sellerie, dick, rund und gesund.

Was kommt in den Einschlag? Alle Gemüse, die viel Wasser speichern und deshalb auch frostgefährdet sind, gehören in den Einschlag. Das sind Riesenkohlrabi «Superschmelz», grosse Exemplare von Rote Beete, Fenchel und Sellerie. Von den kompakten, festen Köpfen des Weiss- und Rotkohls werden die äusseren harten Blätter abgenommen. Alles kommt mitsamt dem abgeschütteltem Wurzelballen kopfüber in die Erde, sodass die Strünke noch etwas aus dem Boden ragen.
Tipp: Damit Katzen ihre «Geschäfte» nicht in die lockere Erde verbuddeln, wird der Einschlag mit einem Drahtgeflecht oder mit mehreren Lagen Vlies abgedeckt.

Im biologischen Anbau wird der Boden nicht mehr gewendet, sondern nur gelockert. Wer ihn im Herbst dennoch umgräbt, erhält bis zum Frühjahr zwar eine wunderbar krümelige Erde, hat aber das Kleinlebewesen dem Frost geopfert. Das ist ein sehr hoher Preis zugunsten einer scheinbaren und instabilen Bodengare*.

Was trotzt Väterchen Frost? Die typischen Wintergemüse wie Rosen-, Grün- und Palmkohl schmecken erst nach mehreren Frösten richtig gut. Daher wird bei Susanne der Grünkohl nicht vor Januar geerntet. Ungekocht in feine Streifen geschnitten, als Petersilien-Ersatz in der Suppe oder als frische Würze im Kräuterquark, will Susanne den vollen Vitamin C- Gehalt geniessen. Der im August zurückgeschnittene Lauch hat inzwischen neue, stabile Stangen ohne Lauchmottenbefall gebildet. Mangold, Winterrettich, Bodenkohlrabi, Pastinaken, Schwarzwurzeln, der spät ausgesäte Satz Karotten und die noch kleinen Randen (unter 5 cm Durchmesser) bleiben auf dem Beet. Von beiden Reihenseiten her 5 cm hoch mit Erde angehäufelt, überstehen sie selbst harte Kälte.

Die Blätter der Rote Beete zum Einlagern bis auf 3 cm herunterschneiden, damit die Rübe nicht ausblutet.

Grünkohl braucht Frost. Erst dann schmeckt er richtig gut.

Wurzelgemüse, Kohl und Kohlrabi mit dem Strunk nach oben in den Einschlag eingraben.

Mehrere Ernten bis zum Frühjahr: Endivie im Frühbeet nicht ganz herunterschneiden …

… sie treibt aus der Mitte heraus wieder aus.

Endivien im Frühbeet: Bei Kälte ein zweites Fenster statt einer Matte auflegen (sofern man hat). Dieses 2. Fenster isoliert wie eine Doppelverglasung und lässt Licht an die Pflanzen.
Tipp: Endivien bis auf 3 cm über dem Boden abschneiden. Sie treiben aus dem Herz heraus wieder durch. Auf diese Weise kann eine einzige Endivie bis zum Frühjahr mehrere Ernten liefern.

Abgeerntete Flächen mulchen: Während bei Nachbarn alles von den Beeten abgeräumt und der Garten «blitzsauber» in die Winterruhe geschickt wird, steht in Susannes Reich noch viel Gemüse in Reih und Glied auf dem Beet.
Tipp: Abgeerntete Flächen werden erst Ende November mit einer dünnen Schicht von Ernterückständen bedeckt. Dann verkriechen sich keine Schnecken mehr unter den molligen Mulchmantel, weil sie bereits anderweitige Plätze aufgesucht haben.

Erdmiete klug anlegen: Immer wieder wird eine Erdmiete mit waagrechter Aufschichtung in mehreren Lagen dargestellt. Das ist gut bei oberirdischem Aufbau, der von einer Seite her abgeräumt werden kann. Aber wie kommt man in einer Grubenmiete an die Karotten, die in der untersten Reihe ruhen? Bis die Lagen von Sellerie, Rote Beete und Kohl weggeräumt sind, haben wir halberfrorene Finger und gehen lieber gar nicht an die wertvollen Genüsse ran.

Tipp: Die in Erde eingelagerten Gemüse in senkrechten Reihen anlegen.

Es ist Kompostzeit

Ein Fallbeispiel: Es stellte sich heraus, dass im bisherigen Kompost laut der Analyse von Bodenproben genügend Stickstoff, Kali, Phosphor, Kalk usw. vorhanden sind. Den Pflanzen, mit diesem Kompost versorgt, scheint es trotzdem nicht gut zu gehen und sie sehen unterernährt aus. Der Grund ist die bisherige Bodenbearbeitung, bei der grosse Mengen Kleinlebewesen verloren gingen und der Boden

Dieser Kompost ist Winterherberge für Igel, Ringelnatter und viele andere Kleintiere geworden.

quasi entleert ist. Viele der empfindlicheren Kleinlebewesen wurden den konventionellen Spritzungen geopfert. Sie fehlten einfach. Das änderte sich nach der Zugabe von EM. In dieser Mixtur sind anscheinend Bakterienstämme, welche die häufig vorkommenden Nährstoffblockaden lösen können. Die Effektiven Mikroorganismen sind in der Lage, die Artenvielfalt der Kleinlebewesen zu erweitern und wieder in Schwung zu bringen.

EM-Kompostwalm: Vorn die noch nicht verarbeiteten Gartenrückstände, hinten der EM-Kompost, dicht zugedeckt.

EM im Kompost eingemischt, bereichert die Biomasse durch den Stoffwechsel der Effektiven Mikroorganismen mit wertvollen Nährstoffen. Diesen Prozess kennen wir auch vom Sauerkraut her. Durch die EM-Beigabe wird der durch Sauerstoff entstehende Rotteprozess aus der Oxidation in die Antioxidanz überführt, wenn die Masse pro Schicht verdichtet (festgetreten) wird, um möglichst viel Luft herauszupressen und die Fermentation (ohne Fäulnis) zu fördern. Wichtig ist die Abdeckung durch ein dichtes Kompostvlies oder durch eine stabile Folie. Dieser Herbstkompost ist im Frühjahr bereits reif und einsatzbereit.

Ein Igel hat sich für den Winter eingemietet und darf nicht gestört werden. Der Haufen muss bis zum Frühling warten, bis er gehäckselt wird.

Vorbereitung: Im grossen Garten fällt viel Material an, das auf dem Walm vererdet werden kann. Einjährige Sommerblumen (mit den Wurzelballen) und der Rückschnitt von Stauden in handliche Stücke zerkleinern (auf dem Scheitstock mit dem Gertel). Pro 20 cm Materialschicht folgende Zugaben im Verhältnis zur Menge der jeweiligen Materialschicht überstreuen:

- 10 % Kuh- oder Hühnermist
- 2 % EM+U
- 5 % Pflanzenkohlestreu.

Ist das Schnittgut sehr trocken, wird eine EMa-Lösung (1 Teil EMa und 1 Teil Wasser) über jede Kompostschicht gegossen. Ist das Material bereits feucht, wird unverdünntes EMa verwendet. Reste von Pflanzenjauchen sind gehaltvolle Beigaben. Mit einem Kompostvlies abgedeckt, kann kein Regen eindringen, der Nährstoffe auswaschen würde.

Düngen heisst den Boden beleben.
Susanne Schütz

Dieser Kompost wird (noch) nicht mit EM-Zutaten aufgesetzt. Er verrottet unter Sauerstoffeinfluss.

Das Kohlenstoff-Stickstoff-Verhältnis muss stimmen. In der Pflanzenernährung steht Kohlenstoff (C) – häufig in Form von CO_2 – an erster Stelle, gefolgt von Stickstoff (N). Ein Gleichgewicht zwischen den einzelnen Komponenten ist – wie überall – wichtig. Zudem brauchen Mikroorganismen auch «Sprit» in Form von Stickstoff, soll die organische Masse in pflanzenverfügbare Nährstoffe umgewandelt werden. Mangelt es an eiweissreicher Biomasse, kann es passie-

Die EM-Fermentierung ergibt eine wunderbare, nach Waldboden riechende Erde.

ren, dass nach einigen Jahren trotz aller EM-Einsätze der Boden auf eine Art Hunger leidet.

Organisches Material mit einem C/N-Verhältnis von 20 : 1 ergibt einen fruchtbaren Boden, z.B. Grasschnitt oder Gemüseabfall enthält 10 bis 20 Anteile an Kohlenstoff und 1 Anteil Stickstoff. Die Zersetzung läuft schnell ab. Die Mikroben verbrauchen zwar Nährstoff für sich selbst, geben ihn aber aus ihren abgelegten Leibern wieder an den Boden zurück.

Gegenüberstellung Kompost – EM-Kompost – Bokashi

- Herkömmlicher Kompost ist fertige Erde. Der Vererdungsprozess wurde auf dem Walm abgeschlossen. Diese Umwandlung ist eine Verbrennung (eine Korrosion, Oxidation) und eliminiert das Leben im Kompost. Es muss sich nach diesem Prozess neu aufbauen. Die Reifezeit dauert dadurch bis zu 2 Jahre.
- EM-Kompost, der gut zugedeckt wurde, ist eine Fermentierung (Antioxidation), die rascher als eine Rotte verläuft. Das organische Material, mit Erde vermischt, reift ohne Fäulnis und dezimiert keine Kleinstlebewesen. Der EM-Kompost ist im Sommer nach 2 Monaten ausgereift.
- Bokashi ist noch nicht fertig umgewandeltes Material, denn der letzte Umbauprozess (die Kompostreife) geschieht im Boden «vor Ort».

Stinkender Mist sollte wie Hornspäne vorweg bokashiert werden, damit die abbauende Fäulnisinformation in eine aufbauende Form umgelenkt wird.

Tipp: Im Bokashi wird nichts abgetötet, das Leben geht ohne Unterbruch weiter, sogar viel lebendiger als vorher, bringt mehr Mikrobenleben und auch mehr Volumen in den Boden.

Der Lauch ist im Spätherbst immer noch frischgrün. Der Mulch aus Grasschnitt wurde in dünner Schicht auf dem Boden verteilt.

Die Knospen des Brokkoli treiben bei EM-Pflege bis in den Winter hinein fortlaufend neue Röschen.

Ein Wintergemüsebeet, mit EM behandelt, spendet frische Kost mit hohem Wertstoffgehalt.

Aktuell

AUSSAATEN

Im Freien, für die Ernte im Frühjahr: Karotten, Kefen, Rukola und Winterportulak.

Unter Glas: Kerbel, Feldsalat, Radieschen, Rettich, Spinat, Winterportulak.

PFLEGEN

Abgeerntete Beete mit dünner Schicht aus Laub, Ernterückständen oder Grobkompost bedecken. Abgedorrte Triebe von Spargel bodennah abschneiden und als Wintermulch liegen lassen. Frühlingszwiebeln, Feldsalat, Wirsing und Winterblumenkohl bei Kahlfrösten mit Vlies schützen. Ersten Satz Chicorée und Löwenzahn antreiben.

ERNTEN

Vor den ersten Frösten bei trockenem, sonnigem Wetter: Chicorée, Endivien, Fenchel, Karotten, Radieschen, Rote Beete, Sellerie, letzte Bohnen, Gurken, Kürbisse, Zucchini. Nach den ersten Frösten portionenweise vom Beet: Grünkohl, Lauch, Schwarzwurzeln, Pastinaken, Meerrettich, Rosenkohl, Topinambur.

Das Fruchtfleisch des «Hokaido» kann mitsamt der Schale verarbeitet werden.

Obst und Beeren

Im Obstgarten ist es still geworden, die Bäume sind von Frucht und Laub befreit. Wildbeerenfrüchte wie Schlehen brauchen noch eine «Frostgare», damit sie genussreif werden. Im Keller duftet es verführerisch nach Äpfeln, in der Küche werden Gelée und andere Leckereien aus der reichen Fruchternte gekocht.

Die Wasserbirne liefert einen herrlichen, milden Birnensaft.

Heidelbeerlaub flammt im November in glühenden Farben.

Obstgehölze haben für die Bildung und Reifung der Früchte viel geleistet. Zur Erholung und zu einem erneuten Aufbau der Widerstandskräfte wirkt eine Pflegespritzung nach dem Laubfall – vor den ersten Frösten – am besten. Für 10 m^2 Baumkrone eine Mischung herstellen und sofort spritzen, damit sich das Gesteinsmehl nicht absetzt:

- 10 l Wasser
- 100 ml EMa
- 10 g Gesteinsmehl (Biolit ultrafein, ZeoBas oder Nourivit).

Den Bäumen nach der Ernte etwas Gutes tun, heisst, den Boden düngen: Aus dem eigenen Bokashivorrat pro 10 m^2 Fläche

- 3 bis 5 kg Bokashi + 1 bis 2 kg Urgesteinsmehl (ZeoBas, Biolit) unter den Bäume verteilen
- 1 l EMa pro 10 l Wasser über das verteilte Bokashi sprühen.

Bei hohem Schädlings- oder Pilzerkrankungsdruck dem EMa zusätzlich

- 1 kg EM-Keramikpulver beigeben.

Tipp: Aus dem EM-Keramikpulver mit EMa einen Brei rühren und in die wassergefüllte Spritze einmischen.

Dieser Quittenbaum hatte Feuerbrand. Er wurde nach EM-Spritzungen und einer Bokashi-Düngung wieder gesund und trug im Folgejahr grosse, einwandfreie Früchte.

Aktuell

Wenn neue Erdbeeren erst im September gesetzt wurden, verlängert eine Abdeckung aus Vlies die Vegetationszeit. Die Jungpflanzen wachsen bei milder Witterung weiter.

Heidelbeeren grosszügig ausdünnen, abgetragene Äste bis oberhalb eines neuen Jungtriebes herunterschneiden.

Obstlager regelmässig überprüfen.

Blumen – Gehölze – Biotope

Im biologisch gepflegten Blumengarten bleiben die Samenstände abgeblühter Stauden stehen. Abgesehen davon, dass sie im Winter zauberhafte Raureifbilder in den Garten malen, freut sich auch die Vogelschar über das vielseitige Samenangebot. Ganze Trupps der bunt gefiederten Distelfinken fallen lustig zwitschernd über Wegwarte, Kardendistel und Sonnenblumenkerne her.

Vogelfutter: Gesammelte Samenstände auf ein Tuch abschütteln, trockene Häutchen und Blättchen vorsichtig wegblasen und für den Winter aufheben. Sie schmecken allen Samen fressenden Vogelarten wie Buchfink, Grünling, Distelfink, Zeisig und Spatz.
Tipp: Abgetrocknete Blütenscheiben von Sonnenblumen hereinholen, bevor sie ausgepickt werden. Die Kerne dann ausstreuen, wenn alle anderen Samenträger unterm Schnee vergraben sind und die Not des Federvolks gross ist.

Allerlei gesammelte Samen von Stockrosen, Ringelblumen, Cosmeen, Schwarzkümmel, Karotten oder wilder Möhre, Kardendisteln, Wegwarte und Sonnenblumen.

Ein Winterpelz fürs Rosenbäumchen. Der stille Frost macht den Gehölzen wenig aus. Schlimm sind kalte Winde und der Wechsel zwischen Frost und Sonnenwärme.
Die frostempfindliche Veredelungsstelle am Rosenbäumchen unterhalb der Krone mit Tannenreis schützen, darüber einen dicht gewebten Jutesack ziehen (siehe nächste Seite).

Ein Rosenbäumchen, warm und hübsch verpackt. Der Stamm wurde mit Juteband umwickelt.

Die Rinde platzt gern auf, weil beim raschen Auftauen durch Sonnenschein das gefrorene und wenig elastische Gewebe aufreisst. Deshalb auch das Stämmchen mit Juteband umwickeln.
Tipp: Luftpolsterfolie ist hier fehl am Platz, sie atmet nicht. Ausnahme: Wenn das Bäumchen heftigen Winden ausgesetzt ist.

Immergrüne Kleingehölze und Strauchpaeonien leiden nach Frostnächten unter der Morgensonne. Der Wechsel von kalt zu warm ist zu krass und verursacht Gewebeschäden.
Tipp: Gefährdete Pflanzen auf der Ostseite mit Tannenreis vor zu schnellem Auftauen schützen.

Stauden pflanzen: In bestehenden Staudenflächen sind Lücken, die mit neuen Pflanzen geschlossen werden sollen. Die Stauden gut wässern, austopfen und den Wurzelfilz aufreissen. Für einen guten Start eine Mischung für das Pflanzloch zubereiten:

- 10 % EM-Keramikpulver
- 70 % Urgesteinsmehl (Biolit, ZeoBas)
- 10 % Pflanzenkohlestreu
- 10 % Düngebokashi (Pellets) oder einen organischen Volldünger.

Das Pflanzloch mit diesem Mix auskleiden oder den Wurzelballen der Stauden einpudern. Die Pflanzen einsetzen und mit EML angiessen.
Tipp: Wenn sich der Wurzelballen nicht aus dem Topf lösen lässt, den Plastiktopf mit der Hand rundum ein wenig eindrücken (kneten).

Alle Zutaten in einem Eimer vormischen.

Der Wurzelballen löst sich leichter aus dem Topf, wenn der obere Rand des Topfes kurz auf einen Stein geklopft wird.

Das Pflanzloch mit dem Gesteinsmehlgemisch ausstreuen oder den Wurzelballen damit einpudern.

Marienkäfer-Versammlung: Die kleinen Glücksbringer waren im Sommer eifrig tätig und gehen jetzt in ihre wohlverdiente Ruhezeit. Sie versammeln sich manchmal zu Hunderten im Laub, um gemeinsam den Winter zu verschlafen. Vielleicht haben sie bei dieser Zusammenkunft schon den passenden Partner für die Hochzeit im Frühling im Blickfeld. Wegen der Wärme jedenfalls suchen sie nicht die Nähe der anderen Käfer, wie Wissenschaftler herausgefunden haben, weil die Käfer genug «Frostschutzmittel» in ihren Zellen mit sich tragen.
Tipp: Manchmal fliegen ganze Kompanien ins Haus. Dort würden sie aber ohne die nötige Kälte für die Winterstarre nicht überleben. Deshalb die Kolonien lieber wieder hinaus in den Frost an einen geeigneten Platz umsiedeln (Moos, Laub, Mauerritzen).

Der wirkungsvollste Beginn einer EM-Behandlung in Biotopen ist im Herbst.

Wasser: Der Herbst ist die beste Zeit, mit einer EM-Behandlung anzufangen, denn die Effektiven Mikroorganismen arbeiten auch im Winter im Sediment (Bodenschlamm) weiter und erreichen bis zum Frühjahr die Dominanz über andere, sauerstoffzehrende oder pathogene Keime.

Balkon- und Zimmerpflanzen

Kübelpflanzen einpacken: Die Wurzeln von Gehölzen und Stauden in Terracotta-Gefässen sind dem Frost ausgesetzt. Ihnen fehlt das warme Erdbett. Eine Ummantelung aus Luftpolsterfolie und Jute schützt vor kalten Winden und dem krassen Wechsel zwischen Frost und warmer Sonne.
Tipp: Bei Gefässen auf Kiesflächen kann das Stauwasser unter den Töpfen ungehindert abfliessen. Tongefässe, die auf Platten oder Beton stehen, frieren ohne Abstandshalter zwischen Boden und Gefäss fest. Dann zerreisst es beim Auftauen auch die frostfeste Terracotta. Flache Hölzer zwischen Kübel und Boden eingeschoben, gewähren freien Wasserabzug.

Geranien kommen ins Winterquartier: Noch blühen die Blütenkaskaden im Schutz des Vordachs an warmer Holzwand, trotz ersten Nachtfrösten. Sobald aber eine längere Frostperiode angesagt ist, kommen die Kästen mit den Blumen ins kühle Winterquartier, in den Keller oder auf den Dachboden. Wichtig ist, dass der Raum frost-

In gut verpackter und mit Hölzern unterlegter Terrracotta übersteht das noch frostempfindliche Junggehölz den Winter.

Ananassalbei blüht erst im Herbst.

Stevia kann überwintert werden.

Hängegeranien können mit langen Trieben überwintert werden. Der Raum sollte Licht rein lassen und frostfrei (bei 5 bis 12 °C) gehalten werden. Das Ergebnis siehe Seite 175.

Ein einfacher Anbau mit Doppelstegplatten unter dem Vordach auf der Nordseite des Hauses ist ein idealer Platz für die Überwinterung.

frei bleibt (ev. einen Frostwächter aufstellen) und nach Möglichkeit auch Fenster da sind. Dort können die Pflanzen in Ruhe «einziehen» und alle Sonnenkräfte aus den Blättern in die Wurzeln speichern. Die Pflanzen erst ab Januar auf Handbreite zurückschneiden und durchputzen.

Wer bei den Hängegeranien (Peltaten) die langen Blütentriebe behalten möchte, wartet auf den Neuaustrieb (ab Februar), schneidet dann alle schwachen und vertrockneten Triebe heraus und kürzt die starken oberhalb der neu ausgeschlagenen Knospen. Sobald sich Neutriebe bilden, diese immer wieder auf 2 bis 3 Blätter einkürzen, damit sie sich gut verzweigen.

Tipp: Die Geranien brauchen während der Winterzeit nur wenig Wasser. Das hängt von der Luftfeuchtigkeit des Raumes ab. Fingerprobe: Die Erde der Kästen und Töpfe prüfen, ob sie noch feucht oder schon knochentrocken ist. Mit EML giessen, die Triebe ab und zu mit EML und EM5 übersprühen. Das verhindert Fäulnis und den Befall von Rote Spinne und Weisse Fliege.

Kräuter überwintern: Der Abschied von allen Gewürzkräutern muss nicht sein. Viele können am Fenster oder im Gewächshaus weiterhin frisches Grün liefern. Allen voran die frostempfindlichen Salbeiarten, die jetzt erst so richtig in Blüte gehen: leuchtend rote Ananas- und Hüllblattsalbei erfreuen uns damit im Haus bis Weihnachten. Afrikanisches Basilikum, Majoran und Zitronengras mögen das warme Zimmer. Im temperierten Wintergarten geht es der Zitronenverbene, dem Süsskraut und Chili ganz gut. Frostfrei am hellen Platz überstehen Zimmerknoblauch, Rosmarin und Lorbeer die kalte Jahreszeit.

Rezepte

Der mildsaure Balsamico-Essig und die herbe Süsse der Dörrpflaumen bringen eine vollfruchtige Geschmacksnote an Salate.

EM-Anwender haben viele gute Tipps auf Lager und schätzen eine gesunde und schmackhafte Küche. In den Erntemonaten brodelt und dampft es in ihrer Küche und es entstehen wundervolle Produkte aus Gemüse und Früchten vom EM-Garten.

Annes[D] Backpflaumen-Balsamico-Essig

So einfach zu machen, pikant und rund im Geschmack:

- entsteinte Backpflaumen einweichen und ganz fein pürieren
- mit einem guten, dunklen Balsamico-Essig mischen
- mit wenig EM-Salz abschmecken. Fertig.

Wer es einmal probiert hat, wird es lieben!

Annes[D] Kürbissuppe, schnell gemacht und lecker

Die Zutaten für Annes Kürbissuppe.

Der Kürbisbrei kann ohne Gewürze als Vorrat heiss in Gläser eingefüllt oder in Portionen eingefroren werden. Jeder Portion eine EM-Keramikpipe beifügen.

Die Kräuterfrau hat viel um die Ohren. Es muss unkompliziert sein, gut schmecken und obendrein noch alle Wertstoffe der Zutaten enthalten. Je nach Kürbissorte

- 1 kg Kürbisfleisch mit oder ohne Schale grob würfeln
- 2 Karotten würfeln
- 1 Stück Sellerie kleinschneiden
- 3 Knoblauchzehen und 3 cm Ingwerwurzel am Stück
- Salz, Pfeffer, Kräuteressig zum Würzen
- Rahm zum Verfeinern.

Alles bis und mit Ingwerwurzel und wenig Wasser 10 min garen. Das Ingwerstück nach dem Kochen herausnehmen. Das Gemüse mit der flotten Lotte oder dem Mixstab pürieren. Mit EM-Salz, Pfeffer und einem Schuss Kräuteressig abschmecken. Einen Teil Rahm leicht aufschlagen und unter die Suppe heben. Den Rest angeschlagenen Rahm steif schlagen und als Häubchen auf die Suppe im Teller anrichten.

Tipp: Einen Vorrat von ungewürztem Kürbismus einfrieren.

Die Quitte hat hartes Fruchtfleisch. Man erahnt nicht, welche Köstlichkeiten daraus entstehen können.

Annes[D] Quitten-Köstlichkeiten

Wer einmal Quitten geschält hat, weiss, wie anstrengend das sein kann. Anne macht es sich einfacher. Sie verarbeitet die Quitten ungeschält in einem Arbeitsgang zu verschiedenen Produkten:

Quittengelée: Von den Früchten Stiel und Blüte entfernen. Die ganzen Quitten mit Schalen und Kerngehäusen im Wasser weich

Quitten müssen schnell verarbeitet werden, weil das Fruchtfleisch braun anläuft. Diese Quittenscheiben aus EM-Anbau blieben hell (ohne Korrosion = ohne Oxidation).

kochen. Den Saft abschütten, mit Gelierzucker zu Gelée kochen und in Gläser füllen. Im Winter das feine Aroma des Sommers geniessen.

Quittenmus: Die übrig gebliebenen festen Bestandteile durch die flotte Lotte drehen oder mit dem Mixstab pürieren und die Menge dritteln. Einen Teil Mus mit Zucker aufkochen und in Gläser füllen.

Tipp: Als Kompott auch mit anderen Früchten zusammen servieren.

Quittenbrot: Den anderen Teil Quittenmus mit Gelierzucker verrühren, vorsichtig aufkochen und auf ein mit Pergamentpapier ausgelegtes Backblech ca. 5 mm dick ausstreichen. In der Backröhre mit Umluft bei 50 °C antrocknen lassen. Die noch weiche Masse in 3 x 3 cm grosse Stücke schneiden und mit der Oberseite nach unten auf dem Backblech in einem 2. Gang trocknen bis ein weiches Konfekt entstanden ist. Dabei die Schnitten wiederholt wenden.

Quittensenf: Den dritten Teil des noch sauren Quittenmuses mit Salz, Zucker und Senfmehl abschmecken. Senfkörner zur Deko einrühren, das Ganze aufkochen und in Gläser füllen. Fertig!

Süsssaure Curry-Zucchini als Beilage zum Raclette servieren.

Susannes[CH] süsssaure Curry-Zucchini

- 1 kg Zucchini ev. schälen und in Streifen schneiden
- 200 g Zwiebeln in Ringe schneiden
- 3 Zehen Knoblauch zugeben.

Alles mit 2 Teel. Kristallsalz oder EM-Salz mischen und bis zu 12 Stunden am kühlen Ort ziehen lassen. Die Zucchini ziehen viel Wasser.

Danach hinzufügen:

- 2 rote Paprika, gewürfelt
- 1 ½ Tassen Weinessig und ½ Tasse Wasser
- 2 Teel. Senfkörner oder mittelscharfer Senf.

Alles gut vermischen und 4 min. aufkochen.

- 2 Teel. Curry beigeben und alles sofort in heiss ausgespülte Schraubdeckelgläser randvoll einfüllen, eine EM-Keramikpipe einlegen und Deckel aufsetzen.

Auf einem feuchten Tuch kopfüber abkühlen lassen.

Beinwell-Paste bei Verstauchungen – auch für Tiere

Wurzeln in Scheiben schneiden, und mit Industrieschnaps (hochprozentig) zur Paste pürieren. In ein Glas füllen. Für die Haltbarkeit den Brei mit Schnaps überdecken. EM-Keramikpipe einlegen und das Glas gut verschliessen. Bei Bedarf eine Kompresse mit der Beinwell-Wurzelpaste auflegen.

Tipp: Beinwell sagt es schon mit seinem Namen – er ist eine Wohltat für Beine. So auch bei Venenproblemen, die mit Beinwellpaste-Kompressen gelindert werden.

Notizen

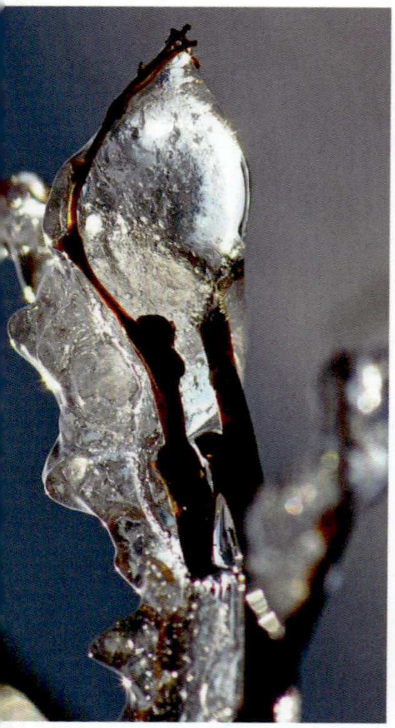

DEZEMBER

Je mehr Schönes du im Garten siehst, umso mehr freust du dich; je mehr du dich freust, umso mehr Schönes siehst du. Anonymus

Der Jahreskreis schliesst sich. Auf den Stühlen des Sitzplatzes liegen dicke Schneekissen. Eis formt Skulpturen in die Gehölze. Christrosen fangen an zu blühen. Drinnen scheint die Zeit im Kerzenlicht für eine kurze Weile still zu stehen. Dem Dezember liegt ein besonderer Zauber inne – vielleicht deshalb, weil sich in unseren Herzen erwartungsfroh ein neues Gartenjahr erschliesst? Jedenfalls bereiten die Heinzelmännchen des Bodens unter der molligen Schneedecke weiterhin aus organischen Pflanzenresten neue Nährstoffe für die nächste Saison auf. Davon profitiert das auf den Beeten verbliebene Gemüse und legt bei günstiger Witterung weiter an Gewicht und Vitalstoff-Gehalt zu. In der Küche entstehen feine Kräutersalz – und Teemischungen, duftet es nach allerlei gebackenen Leckereien und werden Geschenke aus den Gaben des Gartens kreiert.

Ein Fruchtfolgeplan ist viel einfacher als ein Mischkulturplan.

Gemüse

Jetzt ist Zeit, gesammelte Garteninformationen und viele Bücher zu Garten- und Gesundheitsthemen zu durchstöbern und die Fruchtfolge auf den Beeten neu einzuteilen.

Wie ein Rembrandt-Bild: Mangold im Raureif.

Effektive Arbeiter unter Tage: Der grösste Arbeiter unter ihnen ist der rege Wurm. Er frisst pro Tag soviel wie er wiegt, gräbt auf seinem Weg durch die Erde das 50- bis 60-Fache seines Eigengewichtes um. Er produziert pro Jahr bis zu 4 Kilogramm Kot (Wurmhäufchen) pro Quadratmeter, der 5 x mehr Stickstoff, 7 x mehr Phosphat, 11 x mehr Kalium und 5 x mehr Bodenbakterien als ein normaler Gartenboden enthält.

Schon zu Kleopatras Zeiten genoss der Regenwurm in Ägypten den Status des heiligen Tieres. Ein Boden, in dem sich so viele Regnwürmer tummeln, ist gesund.

Der Regenwurm zieht Pflanzenrückstände auch bis weit in den Winter hinein aus dem Mulch in den Boden, zerkleinert sie und verdaut sie zu bestem Humus. In Frostperioden vergräbt er sich tiefer in den Boden ein.

Tipp: Eine Mulchschicht aus EM-gepflegten Ernterückständen ist ein idealer Wärmepelz für den Boden. Der Regenwurm bleibt aktiv. Er produziert Humus und vertilgt dabei auch die durch Pilzkrankheiten geschädigten Blätter, dezimiert also Krankheitskeime. Seine Heimstatt, mit EML und EM+U zu pflegen, ist auch Wertschätzung ihm gegenüber.

Hornspäne, die nicht vorweg fermentiert wurden, locken Schnecken an.

Hornspäne: Organische Dünger tierischer Herkunft nähren Pflanzen. Knochen- und Blutmehle sind inzwischen tabu, weil sie aus den Abfällen kranker Tiere stammen könnten. Hornspäne, ebenfalls tierischer Herkunft, wären saubere Stickstofflieferanten. Sie zersetzen sich aber im Kompost und im Boden durch Sauerstoffeinfluss über Fäulnis um. Das Signal «hier ist was faul» zieht unweigerlich die Schnecken an.

Tipp: Hornspäne und Hornmehl immer vor Gebrauch fermentieren, also vorgängig dem EM-Kompost oder dem Bokashi zusetzen. Diese Umsetzung ohne Sauerstoffeinfluss wandelt das Hornprodukt in pflanzenverfügbare Nahrung um. Das Signal heisst Aufbau. Die Schnecken bleiben weg, weil sie keine «Aufgabe» vorfinden.

Mit EM werden die Geräte wieder blank und rosten nicht.

Geräte säubern: Bisher mussten die Gartengeräte für den Winter geschrubbt werden. Mit EM erledigt sich das fast von allein. Die Metallteile der Gerätschaften 3 Tage lang in einen Bottich EMa und Wasser (1 : 1) einstellen. Danach die Metallteile abbürsten oder abwaschen.

Kupfergeräte rosten nicht und gleiten leichter durch die Erde als Eisenwerkzeuge.

Sie bleiben bis zum Frühjahr blitzeblank. Die Gerätestiele glatt schmirgeln und mit einem Leinöl oder Holzpflegewachs einfetten.

Kupfriger Weihnachtswunsch: Gartenwerkzeug aus Kupfer statt aus Eisen ist schon lange ein geheimer Wunsch von Susanne. Kupfergeräte gleiten durch den Boden, als ob er aus Butter wäre, weil diese Metalllegierung nicht magnetisch wirkt und keine spannungsgeladenen Ströme wie bei Eisengeräten entstehen. Man sagt: «Der Boden tut sich auf und entspannt sich, bei Eisen schliesst und verkrampft er sich.» Eisen ist ein Wasserstoffräuber (Korrosion) und trocknet den Boden aus. Kupfer erzeugt Wasserstoff und rostet nicht, deshalb müssen diese Geräte auch nicht eingeölt werden.

So ist das mit EM: Wirsing fault trotz Frost nicht mehr.

Unter der fahl gewordenen Hülle verbirgt sich ein wunderbar frischer Kohlkopf.

Aktuell

AUSSAATEN

Unter Glas: Kresse, Radieschen, Rukola. Sprossen als Vitalkost-Lieferanten.

PFLANZEN

Unter Glas oder am Fenster antreiben: Petersilie und durchgefrorene Schnittlauchballen in Töpfe setzen.

PFLEGEN

Bei Kahlfrost: Spinat, Winterblumenkohl und Winterkopfsalat mit Vlies schützen. Feldsalat mit Folie oder Reisig zudecken. Im Gemüselager Temperaturen überprüfen (2 bis 7 °C). Angefaultes entfernen.

Unter Glas: Eingewinterte Kräuter in Töpfen ab und zu befeuchten. Pflanzen mit leicht temperiertem Wasser giessen. Bepflanztes Frühbeet an den äusseren Seitenwänden mit Noppenfolie vor Kälte schützen.

ERNTEN

Im Freiland: Feldsalat, Grünkohl, Lauch, Karotten, Pastinaken, Rosenkohl, Schwarzwurzeln, Winterheckezwiebel, Zuckerhut. Gemüse nur aufgetaut ernten, an sonnigen Tagen am Nachmittag.

Gewächshaus: Rukola, Spinat, Schnittlauch, Winterportulak.

Im Keller: angetriebenen Chicorée und Löwenzahn.

Obst und Beeren

Vogelfutter aus Fett, Futterbokashi und Körnern zu Knödeln formen.

Im Obstgarten ist Ruhe eingekehrt. Was bleibt, sind die Vögel. Sie suchen überall in der Wiese nach Samen und die Amseln holen sich vergessene Äpfel von Baum und Boden.

Vögel füttern: Amseln und Rotkehlchen nehmen Weichfutter lieber am Boden auf und meiden hoch gehängte Futterspender. Der Platz sollte von drei Seiten geschützt sein, damit sich keine Katzen anschleichen können. Insektenfressende Vögel wie Meisen und Kleiber lieben ausser Sonnenblumen auch ungesalzene, nicht geröstete Erdnüsse. Stieglitze und Finken bevorzugen Körnerfutter. Eichelhäher und Spechte schnappen sich ganze Fettknödel und verschleppen sie an einen sicheren Platz.

Tipp: Die Knödel an dünnen Ästen aufhängen. Dort können sich die schwergewichtigen, grossen Vögel nicht niederlassen. Die Knödel «Häher-sicher» befestigen.

Futter aus Samenüberschuss wird zum Festmahl für Wintervögel: Eine Mischung aus 1 Teil Samen, 1 Teil Fett (z. B. Rindertalg) und 1 Teil EM-Futterbokashi verkneten und daraus Knödel formen oder Tontöpfe füllen. Durch das Bodenloch des Topfes vor der Füllung eine Schnurschlaufe als Aufhängung einlegen.

Winterimpressionen.

Blumen – Gehölze – Biotope

Die letzten Rosen glühen im Raureif oder unter der Schneehaube, Hagebutten und Zieräpfel leuchten in den blauen Himmel und werden bald von den Vögeln geholt. Die Stechpalmen mit ihren rot lackierten Perlen und immergrünen Blättern sind Symbole im Advent. Samenstände der Kardendistel, Gräser, die ersten Blüten der Schnee-

Das Adernetz der Lampionblume bleibt noch lange als Skelett bestehen, wenn die weichen Hüllblattteile bereits zerfallen sind.

Am Wasser ist es still geworden.

Die gelben Kugelfrüchte des Celastrus orbiculatus springen zum Stern auf und überraschen mit tomatenroten Beeren.

heide und bei Christrosen zieren neben den duftenden Blüten des Winterschneeballs (Viburnum bodnantense). Der Garten hat auch im Dezember noch viel zu bieten.

Balkon- und Zimmerpflanzen

Gartenjuwele für den festlichen Weihnachtschmuck.

Die orangeroten «Laternen» der Lampionblume (Physalis franchetii) und die getrockneten Sternkugeln des Zierlauches (Allium giganteum) dekorieren mit frischem Tannengrün Haustür und Stube.
Im Adventskranz sind viele Blumenboten des Sommers eingebunden. Sie sind auch getrocknet immer noch Schönheiten.

Verkalkte Tontöpfe reinigen

Üblich ist, die Töpfe in verdünnte Zitronensäure oder Putzessig zu legen und dann den Kalk abzubürsten.
Tipp: Wer es bequem haben will, legt die Töpfe – statt mühsam zu schrubben – einfach für mehrere Tage bis 1 Woche in die Regentonne. Pro 10 l Wasser

- 0,5 ml EMa zugeben.

Die Kalkkruste abwischen. Das EM-Wasser kann danach in den Garten oder über den Komposthaufen entsorgt werden.

Rezepte

Liebevoll verarbeitete Gartenschätze sind natur-kost-bare Geschenke.

Wenn es stürmt und schneit, werkelt Susanne im Haus weiter und verarbeitet die gesammelten Schätze für den eigenen Vorrat oder hübsch verpackt als persönliches, «kostbares» Geschenk.

Aus Susannes[CH] Gartenkostbar

Suppen-Julienne: Feine Streifen von Lauch, Karotten, Sellerie und Zwiebeln für Suppeneinlagen trocknen.

Kräutersalz: Ein gutes Natursalz wie Stein- oder Kristallsalz enthält keine Zusätze wie Fluor oder Jod und keine fragwürdigen Rieselhilfen. Dafür weist es 84 Elemente auf – wie unser Blut – und funktioniert wie ein «Stromleiter» in unserem Körper. Das Salz wird mit 1 Msp. EM-Keramikpulver vermischt (oder ein selbstvermehrtes EM-Salz verwenden).

Kräutersalz und Gemüsejulienne, festlich verpackt.

Zutaten:

- 60 % der Gesamtmenge aus Eigenanbau: getrocknete Lorbeerblätter, Chili, Koriander, Sellerieblätter, Petersilie, Lauch, Bärlauch, Dill, Fenchel, Liebstöckel, Thymian, Majoran, Bohnenkraut, Ysop, Salbei, Schnittlauch, Rosmarin und viel Afrikanischer Basilikum
- 30 % der Gesamtmenge aus Zukauf: Nach Belieben diverse Pfeffer, Senfkörner, Muskatnuss, Kümmel und Kreuzkümmel, Nelken, Kurkuma und Ingwer
- 10 % Salz.

Salz eher knapp bemessen, denn es ist leichter, nachzusalzen, als umgekehrt ein Zuviel an Salz mit anderen Beigaben auszugleichen. Salz dient ausser der Geschmacksverstärkung auch der Konservierung und bewahrt die Farben der Kräuter. Von Chili und Koriander braucht man nur kleine Mengen. Deshalb werden diese Gewürze nur alle 5 Jahre angebaut. Susanne Schütz mahlt die Pfefferkörner vorweg und zerschnetzelt Chilischoten ganz fein mit der Schere. Dann alle Zutaten von Hand mörsern.

Die Salzmenge vorsichtig dosieren. Die hohe Kunst bei Gewürzmischungen: Keine Zutat darf dominieren.

Tipp: Mit einer ausgedienten Kaffeemühle geht es schneller und leichter von der Hand.

Teekompositionen aus Susannes Garten schmecken – mit einem Zimtstängel und einem Schuss Apfelmost – köstlich.

Sie verwendet als Hauptzutaten:

- milde Minzen wie Apfel-, Ananas- oder Marokkanische Minze
- Zitronenstrauch (Aloysia).

- getrocknete Blüten von Stockrose, Duftrosen, Bechermalve und Kornblumen peppen die Kompositionen lustig bunt auf.

Für spezielle Heilanzeigen zusätzlich Ringelblumen (Calendula), Johanniskraut, Königskerze, Goldmelisse, Nachtkerze, Blutweiderich oder Thymian.

Annes[CH] Zwetschgenchutney

Zu Käseplatten, gebackenem Camembert, zu Fleisch, Reisgerichten oder als Brotaufstrich.

Zutaten:

Das Zwetschgenchutney bekommt mit Zimt oder Nelken eine neue, unerwartete Geschmacksnote.

- 1 kg Zwetschgen (tiefgefroren) auftauen und kleinschneiden
- 1 Zwiebel und 50 g frischer Ingwer, klein würfeln
- 1 Knoblauchzehe und 1 Teel. Chilischoten, klein hacken
- 125 ml Apfelessig und 1 Zitrone (Schale und Saft)
- 500 g Rohrohrzucker.

Alles solange köcheln, bis es die Konsistenz einer Marmelade hat. In Gläser füllen, mit Deckel schliessen. Kopfüber abkühlen lassen, kühl und dunkel aufbewahren.

Für Wundheilungen etwas Bio-Olivenöl mit Keramikpulver zur Paste rühren, auftragen und mit Gaze abdecken.

Insektenstiche schwellen nicht mehr an und jucken nicht, wenn sofort EM aufgesprüht wird.

Susannes[CH] EM-Salbe

Die Creme ist eine Wohltat für strapazierte Haut. Dabei geht es Susanne nicht nur um Hautpflege, sondern um die Ordnungskräfte aus gesunden Pflanzen. Sie verwendet als Salbengrundlage ein kalt gepresstes Natur-Kokosöl, aus Bioanbau, das schonend verarbeitet wurde, ohne die gesunden Inhaltsstoffe zu zerstören. Für die Verarbeitung dürfen keine Utensilien aus Metall verwendet werden, sondern solche aus Glas, Keramik, Holz oder Kunststoff. Ausser den Kräutern für die Hautpflege können auch Heilpflanzen zugegeben werden wie Augentrost für müde Augen, Kamille bei Entzündungen, Iriswurzel gegen Zahnweh oder Ingwer fürs Aufwärmen. Duftessenzen nach Belieben.

Alle Zutaten bereitstellen, Kokosöl im feuerfesten Schälchen auf einem Rechaud leicht anwärmen.

Blättchen im erwärmten Öl einrühren. 3 Tropfen Duftessenz aus Bioanbau nach Belieben zufügen. Alles 5 min. ziehen lassen, nicht kochen.

Eine Messerspitze EM-Keramikpulver im Salbentöpfchen macht die Mixtur haltbar und sorgt für antioxidierende Kräfte.

Salbe durch ein Kunststoffsieb ins Töpfchen giessen und nochmals durchrühren, damit sich das Keramikpulver nich absetzt.

Nachwort

Was die Effektiven Mikroorganismen zu Weg bringen, hat Susanne ein Jahr lang in den Monatskalendern vermittelt. Eine neue Geschichte ist ihr kurz vor dem Buchdruck zugefallen, einfach so: Einer der vielen Zwiebelzöpfe wurde auf dem Dachboden des Speichers im Juni, 9 Monate später gefunden. Man hatte ihn vergessen. Obwohl ab April schon viel Hitzestau unter den Ziegeln herrschte, waren die Zwiebeln immer noch fest und zeigten keinerlei Alterungssymptome. Wieder eins der vielen Ana-Erlebnisse, die uns das Wirken der Effektiven Mikroorganismen vor Augen führen. Es gäbe noch so vieles zu berichten, wie EM z. B. Schwankungen durch das Klima, in der seelischen Stimmung von Menschen, Tieren – und Pflanzen – ausgleichen und aus den Fugen geratene Zustände durch ihren Einfluss wieder in geordnete Bahnen lenken können. Seit in Susannes Garten die Effektiven Mikroorganismen das Zepter schwingen, wird nicht mehr Irgendetwas gegen Irgendetwas unternommen. Es ist ein harmonisches, heilsames Miteinander und Nebeneinander möglich geworden, ist eben «Frieden» eingekehrt.

Der Zwiebelzopf vom September, 9 Monate später, zur Erdbeerzeit.

«… und Friede auf Erden und dem Garten – und den Menschen ein Wohlgefallen», singt und wünscht Susanne.

Neujahrsfeuerwerk der Natur.

… und ins nächste Gartenjahr hinein träumen.

Danke

Mein Dank ist gross und richtet sich zuerst an die Mikroorganismen, die auch in diesem Werk so hilfreich dabei waren. Die Flut an Informationen war riesig und musste auf engstem Seitenraum ihren Platz finden. Während dieser «Buchgeschichte» gab es wieder viele wunderbare Erlebnisse und eine unendliche Freude am Tun bei allen Mitwirkenden. Mein besonderer Dank geht an Susanne. Sie war stets bereit, fotografierte Arbeitsabläufe zu begleiten und mir ihr grosses Wissen zu vermitteln. Erich Obrist war als Korrektor für neue Textlieferunge zu jeder Zeit parat und hat als Lektor so manche lustige «Stilblüte» entdeckt. Ursula Binggeli tauchte in der Buchgestaltung mit viel Elan ins Thema ein und hat auch zu unüblichen Arbeitszeiten neue Seiten kreiert. Kaspar Heissel und Marc Schlotterbeck halfen mir grosszügig mit Fotos aus ihrem umfangreichen Archiv aus. Die Kochrezepte von aktiven EM-Frauen setzen jeden Monat einen köstlichen Schlusspunkt. Ein besonderer Dank gilt den Menschen, die sich trotz gefüllter Agenda mit dem Buch auseinandersetzten. Ein herzliches Danke an Ute Scheub, Haiko Pieplow, Christoph Fischer und Erika Rokita für ihre trefflichen Vorworte. Antje Looser hat die Umschlagstexte und das Autoren-Curriculum mit viel Herz zusammengestellt. Letztendlich gilt mein Dank meinem Mann für seine unermüdliche Unterstützung während der intensiven Schreibphase. Der allzeit fröhliche, gut gelaunte Geist während dieser «Buchschöpfung» möge auch auf die Lesenden überspringen.

August 2013 Anne Lorch

In erster Linie danke ich Anne. Sie hat alles gegeben. Es war eine intensive, freudvolle Zusammenarbeit. Wie oft stand der Text perfekt da, und dann kam mir noch so vieles in den Sinn, was doch auch noch wichtig wäre. Gute Ideen und Tipps erhielt ich in all den Jahren von meinen lernenden Kursteilnehmern. Es war ein Geben und Nehmen. Ich bin dankbar für mein reiches Leben und teile meinen Erfahrungsschatz gern mit anderen Gartenleuten und interessierten Menschen. Ich hoffe, meine Freude am Gärtnern wirke ansteckend.

August 2013 Susanne Schütz

Literaturverzeichnis

Autoren, die über EM geschrieben haben oder EM erwähnen, sind mit einem *Stern bezeichnet.

Emoto, Masaro/ Fliege, Jürgen	2004, Die Heilkraft des Wassers, KOHA-Verlag GmbH A-84424 Burgrain (A), ISBN 3-93682-48-6
*Gruno, Sigemar	2009, EM-Pflanzenschutz, Eigenverlag Domusica, D-73453 Abtsgmünd ISBN-13: 978-3-9800704-9-2
	2006, Schneckenprobleme? – Bio-logisch lösen, ISBN 3-9800704-8-4
Higa, Professer Teruo	1994, Eine Revolution zur Rettung unserer Erde, Emiko D-53913 Swisttal-Heimerzheim
	2000, Die wiedergewonnene Zukunft, Organischer Landbau-Verlag D-47624 Kevelaer, ISBN 3-922201-42-3
	2005, Effektive Mikroorganismen, Organischer Landbau Verlag, D-47624 Kevelaer ISBN 3-922201-49-0
*Hoffmann, Prof. Dr. Manfred	2007, Lebensmittelqualität und Gesundheit, baerens & fuss, D-19055 Schwerin, ISBN 978-3-935046-05-3
Pommeresche, Herwig	2004, Humussphäre, Organischer Landbau Verlag, D-47624 Kevelaer ISBN 3-922201-50-4
Schauberger, Viktor	1933 – 1958, Aufsätze und Schriften, J. Schauberger Verlag, A-4820 Bad Ischl
*Scheub, Ute,	2013, Terra Preta, die schwarze Revolution Pieplow, Dr. Haiko, aus dem Regenwald Oekom Verlag, 80337, Schmidt, Hans-Peter ISBN 978-3-86581-407-4
Simonson, Barbara	2012, Moringa, Verleger Andreas Walter Kraus ISBN 10-84-616-0620-5, ISBN 13978-84-616-0620-7
Tompkins, Peter/ Bird, Christopher	1989, Die Geheimnisse der guten Erde, Omega Verlag, D-52080 Aachen ISBN 3-930243-10-5
Zerluth, Josef/ Gienger, Michael	2004, Gutes Wasser, Neue Erde Verlag, D-66111 Saarbrücken ISBN 3-89060-071-9

Glossar

A **Aerob lebende Mikroorganismen:** mit Sauerstoff lebende, abbauende, oxidierende Bakterien.
Ackerschachtelhalm: Zinnkraut, Katzenschwanz.
Adulte Blätter: Die nächsten ausgebildeten Blätter nach den Keimblättern.
Aminosäuren sind «Bausteine» des Lebens und bilden Proteine.
Anaerob lebende Mikroorganismen: ohne Sauerstoff lebende, aufbauende, antioxidierende Bakterien.
Antiseptisch: keimtötend, keimvernichtend.
Aquamix: Dosiergerät, das zwischen Schlauch und Brause angeschlossen wird und pro Liter Wasserdurchfluss 125 ml EM zuführt.
Auszugsmehl: Weissmehl Typ 405 enthält den geringsten Anteil an Ballaststoffen und Vitaminen.

B **Beinwell:** Wallwurz (CH).
Bodenmüdigkeit besteht, wenn Pflanzenbestände nicht mehr wachsen können, weil im Boden zu viele pflanzeneigene Ausscheidungen vorhanden sind (Petersilie) oder Nematoden (Wurzelälchen) den Boden verseucht haben (Rosen).
Bodengare ist die «Lunge des Bodens», regelt den Gasaustausch und Wasserhaushalt und ist Ausdruck natürlicher Fruchtbarkeit.

C **Cluster:** Zusammenballung, Büschel, Traube, Haufen, Menge, Gruppe.

D **Dango:** Lehm und Getreidespelzen, mit EMa zusammen verknetet und zu kleinen Bällen geformt.

E **Edaphon:** Das «Plankton» der Erde. Gesamtheit der Bodenorganismen, in Bodenflora und Bodenfauna unterteilt.
Eisheiligen: Kühle Periode vom 11. Bis zum 15. Mai, genannt nach den Wetterheilgen Mamertus, Pankratius, Servatius, Bonifatius und (kalte) Sophie.
Enzym: Eiweiss, das Stoffwechselvorgänge steuert.

F **Feldsalat:** Nüssler (CH), Vogerlsalat (A)
F1-Hybride: Die erste Generation reinerbiger Pflanzeneltern sind Mischlinge mit einheitlichem Aussehen,

tragen aber verschiedenes Erbgut in sich, das Pflanzen aus nachfolgenden Aussaaten mit unerwünschten Merkmalen hervorbringt. Diese Samen eignen sich nicht für die eigene Saatgutgewinnung.
Fermentaktiv: Fermentaktive Pilzarten lassen organisches Material schnell zerfallen, wobei Alkohol, Ester und antimikrobische Stoffe entstehen.
Finken: Schweizer Ausdruck für Hausschuhe.

G **Gänseblümchen:** Geisseblümli (CH).
Giersch: Baumtropfen (CH), Erdholler (A).
Grüne Bohnen: Fisolen (A).
Grünkohl: Federkohl (CH).

I **Indigene Völker** verstehen sich als eigenständige Volksgruppen.

K **Kefen:** Kiefelerbse.
Kurztag: Die Pflanzen bekommen erst dann den Blühimpuls, wenn die Tage «kürzer» werden (Frühling, Sommer). Langtagspflanzen blühen, wenn die Tage «länger» werden (Herbst, Winter).

L **Lotte:** Die «Flotte Lotte» (Passe-Vite) ist ein Sieb mit Rührvorrichtung und trennt das Fruchtfleisch von den Samenkernen.

M **Mangold:** Krautstiel (CH).
Miete, Erdmiete: Kompostwalm, Komposthaufen, auf dem gewachsenen Boden aufgesetzt.
Mineraliendünger: Kunstdüngermischung aus N (Stickstoff), P (Phosphor), K (Kali) und weiteren Zusätzen.
Molkepulver: Gibt es in Drogerien und Reformhäusern.
Mollusken: Weichtiere wie Schnecken.

O **Organische Säuren** enthalten z. B. Zitronen (Zitronensäuere), Joghurt (Milchsäure), Speiseessig (Essigsäure), Rhabarber (Oxalsäure).

P **Perpetuum mobile:** Lat.: sich ständig Bewegendes.
Polysaccharide: Mehrfachzuckerarten aus Kohlenstoff und Wasser (Kohlehydrate).

Q **Quark:** Topfen (A)

R **Rahm:** Sahne (D), Obers (A)
Resonanzschwingung, magnetische: Verschiedene Wellenlängen gehen in eine gleichschwingende Energie über, treten in «Resonanz», wenn sie auf Magnetismus treffen.
Rezepte (die meisten wurden von aktiven EM-Anwendern kreiert):
- Angelika: Angelika Grabner (A)
- Anne: Anne Lorch (CH) und Anne Roelke (D)
- Heidi: Heidi Stettler (CH)
- Johanna: Johanna Assmann (D) und Johanna Wurzer (A)
- Sandra: Sandra Schlotterbeck (CH)
- Susanne: Susanne Schütz CH)
- Wiltrud: Wiltrud und Siegemar Gruno (D).

Rosenkohl: Kohlsprossen (A)
Ruheform der Effekiven Mikroorganismen: Ausdruck für Keime, Sporen oder Samen.

S **Samenecht** sind reinerbige Pflanzen, mit den gleichen Eigenschaften ihrer Eltern
Schauberger-Prinzip: Die Verwirbelung des Wassers mit dem Sog nach innen (Implusion). Mehr unter www. Das-Buch-der- Synergie.de.
Schreddern: Häckseln.
Sediment: Schlammabsetzung am Teichboden.
Stark-, Mittel- und Schwachzehrer: Starkzehrer (Kohl) brauchen viel Nährstoff, Schwachzehrer wenig oder produzieren ihn über Knöllchenbakterien selber (Leguminosen wie Bohnen und Erbsen).

T **Talmud:** Jüdische Bibel.
Temperiertes Wasser: Temperaturen zwischen 15 und 20 °C.

Z **Zentrofan mahlen:** Das Getreide wird während des Mahlvorgangs mit Luftströmung gekühlt. So werden keine wärmeempfindlichen Inhaltstoffe zerstört.
Zweijährige Gemüse und Blumen: Pflanzen, die im ersten Jahr Blattmasse aufbauen und erst nach einem Kälte-Impuls (Winter) blühen und fruchten, also im 2. Jahr (im nachfolgendem Sommer).

Stichworte

Bildnachweise

3 Cartoons, Heinz Pfister (Pfuschi)

Illustrationen: Anne Lorch

Über 720 Bilder insgesamt (640 Fotos von Anne Lorch)

Fotos mit freundlicher Genehmigung von:
Assmann, Johanna 90 (2) 129 (2), 150
Braun, Ernst 40 (2)
Delinat, 16
Heissel, Kaspar 43 (2), 44 (4), 46, 55, 57 (2), 61 (3), 84, 103, 105, 115, 139, 180, 187, 215(2), 188(2), 200, 201 (2), 202 (7), 203, 227
Multikraft 38 (3), 48, 186
Mutzke, Birgit, 226
Rey, Patrick, Delinat, 123
Rölke, Anne, 149 (2), 194, 221 (3)
Schibler, Elsbeth 216 (2), 221, 222
Schlotterbeck, Marc 15, 85 (9), 187, 201(2), 200
Schütz, Susanne, 231
Wirz, Kurt 37

Index zu verschiedenen EM-Produkten

EM (Effektive Mikroorganismen)
Die Grundmixtur kommt aus Okinawa (Japan) und ist Ausgangsform für viele Folgeprodukte.

EMa = aktiviertes EM ist die Vermehrung der Grundmixtur EM.
Mit geeigneten Zugaben entstehen Spezialprodukte für verschiedenste Anwendungsschwerpunkte.

- **FPE** = **F**ermentierter **P**flanzen**e**xtrakt wird nach der EMa-Vermehrung mit pflanzlichen Zusätzen nochmals fermentiert und zur Pflanzenstärkung eingesetzt.
- **EM5** = wird nach der EMa -Vermehrung mit Zusatz von Alkohol und Essig in einem 2. Fermentationsgang für die Pflanzenstärkung bei Gesundheitsproblemen hergestellt.
- **MK5** = Pflanzenstärkungsmittel aus EM-Urlösung, mit Alkohol, Essig und scharfen Gewürzen, fördert die natürlichen Abwehrkräfte von Pflanzen.
- **Weitere Produkte für die Pflanzenstärkung:** EM5, Terrafert Blatt (mit Folsäure), Terrafert Boden, Pro Milieu Folio.
- **Weiterentwickeltes EMa (Bodenhilfsstoff):** Nourivit plus, Bodenfit, Pro Milieu Terra, Emiko Bodenaktivator.

EM-Keramik = ausser dem Pulver und den EM-Keramikpipes entstanden für die Wasserbehandlung viele Keramikprodukte, die aus fermentiertem Ton mit EM-Keramikpulverzusatz hergestellt werden.

Teichpflegemittel = alle EM-Hersteller führen auch eine ganze Reihe Mittel für die Sanierung von Gewässern verschiedenster Art. Für die Behandlung bei extremen Belastungen durch Verschmutzungen gibt es Produkte mit einem erhöhten Anteil von Photosynthesebakterien.

Bokashi-Arten = für verschiedene Einsätze im Boden, viele in Bio-Qualität.

- **Futterbokashi** = organische Materialien (z.B. Weizenkleie), mit Kräutern und weiteren Zutaten fermentiert. Es ist für Tiere zugelassen. Handelsnamen: Urosan, Topdress, Emiko Care, Pro Milieu Bokashi.
- **Düngebokashi** = Bodenhilfsmittel, ein Getreidekleie-Bokashi für Pflanzen, das mit organischen, stickstoffhaltigen Zusätzen wie Obsttrester, Hühnermist, Guano oder Sojamehl angereichert wird.

Handelsnamen der Pflanzenkohleprodukte:
- Triaterra (D)
- Holzkohlegriess (A)
- Preta Streu (A, D)
- Bokashi-Schwarzerde (D)
- Terra Preta-Bokashi (CH)
- Schwarzes Gold (D)
- Pflanzenkohle pur (D)

Mehr dazu im Internet :
A www.multikraft.at
CH www.em-schweiz.ch
www.em-produkte.ch
D www. em-chiemgau.de
www.emiko.de
www.mikroveda.eu

EM-Vereine

A EMeV Österreich
E-Mail: info@em-verein.at
www.multikraft.com

CH IG EM Schweiz
E-Mail: info@ig-em.ch
www.ig-em.ch

D EMeV Deutschland
E-Mail: info@EMeV.info
www.emev.de

Die Vereinsjournale „Multikosmos" (A) und «EM-Journal» (D, CH) mit interessanten Berichten, aktuellen Nachrichten und Terminen erscheinen 4-mal pro Jahr.

Die Vereine bieten Informationen und Vorträge zu Spezial-Themen. Sie helfen z.B. bei Flutkatastrophen, Erdbeben usw. mit Spenden und unterstützen EM-Projekte.

Sie organisieren Veranstaltungen und Exkursionen zu EM-Anwendern. In Ortsgruppen wird Erfahrungsaustauch gepflegt (EM-Stammtisch).

EM Eine Chance für unsere Erde

Effektive Mikroorganismen
Wirkungsweise und Praxis

4. Auflage, erweitert und aktualisiert
400 Seiten, über 800 Abbildungen
25 Illustrationen, 24 Cartoons

ISBN 978-3-033-03896-7

Wie die grossartigen Kleinstlebewesen wirken und warum sie in unserem Alltag unbedingt wieder ihren Platz bekommen sollten, hat Anne Lorch umfassend recherchiert, in ausdrucksstarken Bildern und informativen Texten sichtbar gemacht und förmlich zum Leben erweckt. Mit ihrer Liebe zur Natur, ihrer natürlichen Neugierde und praktischen Ader hat sie es geschafft, ein komplexes Thema begreifbar zu machen.

Das Buch schlägt eine bunte Brücke zwischen wissenschaftlicher Erkenntnis und dem praktischen Einsatz der Effektiven Mikroorganismen.

Das Standardwerk
- ist fundiert und leicht verständlich
- beschreibt und illustriert die Anwendungen mit vielen Fotos und Zeichnungen
- rückt die Welt der kleinsten Lebewesen auf humorvolle Art ins Rampenlicht.

Das umfassende und erweiterte EM-Buch für Neugierige wie für den bereits erfahrenen EM-Anwender ist gut strukturiert und in zwei Teile gegliedert:

1. Grundlagenteil: Aktuelles Wissen zu Umwelt, Boden-, Wasser- und Mikrobiologie. Weitere Kapitel sind Genmanipulation, Ernährung und wissenschaftliche Studien.
2. Praxisteil: EM-Anwendungen im Garten, Wasser, Haushalt, Gewerbe, Obst- und Weinbau, in der Landwirtschaft und bei Tieren. Gesundheits- und Körperpflege, Erfahrungsberichte und Kapitel über sinnvolle Ergänzungen zu EM wie Terra Preta runden das Buch ab.

Berliner Literaturkritik (Auszug): Die Fotos sind eine Augenweide. Nach dem Studium des Buches fragt man sich unwillkürlich, wie man bisher ohne die vielen Tipps und ohne die Boden belebende Wirkung von EM-Präparaten fertig geworden ist.

Susanne Schütz

gelernte Gärtnerin und Bäuerin, ist als Referentin im Bioland- und Gartenbau bekannt. Sie wirkte elf Jahre an der Biolandbauschule Möschberg unter Dr. Hans Müller (Begründer des organisch-biologischen Land- und Gartenbaus) und baute in den 80er-Jahren mit ihrem Mann im Emmental das Kurs- und Tagungszentrum «Biogarten Birnbaum» mit einem wunderschönen Lehrgarten auf. Ihr Hauptthema ist die Gesundung von Boden, Pflanze, Tier und Mensch. 1999 erfuhr sie von der EM-Technologie und setzte sie mit Erfolg in die Praxis um. Seither teilt sie jährlich rund 1000 interessierten Besuchern unermüdlich und auf begeisternde Art ihre EM-Erfahrungen mit.

Ihr Credo: Zusammenhänge in der Natur begreifen und Wege finden, die der Ordnungskraft der Schöpfung dienen.

Anne Lorch

eine erfahrene Fachjournalistin, interessiert sich sehr für den Makro- und Mikrokosmos in der Natur. Sie hat es sich zum Hobby gemacht, die natürlichen Zusammenhänge in Text und Fotos einzufangen oder in der Gartengestaltung umzusetzen. Als ehemalige verantwortliche Redaktorin des Magazins «Schweizer Garten» konnte sie ihr botanisches und fundiertes gärtnerisches Wissen einsetzen, das sie in der Lehre, Praxis und im Studium erworben hat. Die Pflanzenproduktion, ein eigenes Invitro-Labor für Pflanzen und ein «Ausflug» in das Labor eines Nahrungsmittelbetriebes waren neben Familie und Jugendarbeit wichtige Stationen in ihrem Leben. Seit 2001 setzt sie sich intensiv mit dem Thema «Effektive Mikroorganismen» auseinander und hat einen grossen Fundus an Erkenntnissen zusammen getragen.